W0257356

Die flugsicherungstechnischen Einrichtungen des Schlechtwetterlandedienstes und ihre Bedeutung für Bodenorganisation und Luftverkehr

Von der Technischen Hochschule Stuttgart
zur Erlangung der Würde eines Doktor-Ingenieurs
genehmigte Dissertation

Vorgelegt von

Dipl.-Ing. Hans-Joachim Zetzmann

Regierungsbaurat im Reichsflugsicherungsdienst

Tag der Einreichung: 16. 2. 1939
Tag der mündlichen Prüfung: 28. 6. 1939

Berichterstatter: Prof. Dr.-Ing. C. Pirath
Mitberichterstatter: Prof. Dr.-Ing. R. Feldtkeller

D 93

Springer-Verlag Berlin Heidelberg GmbH 1939

S o n d e r d r u c k a u s :
„Forschungsergebnisse des Verkehrswissenschaftlichen Instituts für Luftfahrt
an der Technischen Hochschule Stuttgart"
Heft 13

ISBN 978-3-662-27546-7   ISBN 978-3-662-29033-0 (eBook)
DOI 10.1007/978-3-662-29033-0

Inhaltsverzeichnis.

Die flugsicherungstechnischen Einrichtungen des Schlechtwetterlandedienstes und ihre Bedeutung für Bodenorganisation und Luftverkehr.

Von Regierungsbaurat Dr.-Ing. Hans-Joachim Zetzmann, Berlin.

I. Einführung.

An der Sicherheit, Regelmäßigkeit und teilweise auch Wirtschaftlichkeit des Luftverkehrs hat die Bodenorganisationen einen erheblichen Anteil. Die Hauptträger innerhalb der Bodenorganisation sind zur Zeit die Flughäfen. Die Entwicklung des Luftverkehrs ist daher mit der Entwicklung der Bodenorganisation und hauptsächlich der Flughafenanlagen enger verknüpft als es z. B. beim Schienenfahrzeug mit der Bahnhofsanlage in bezug auf Sicherheit, Regelmäßigkeit und Wirtschaftlichkeit dieses Verkehrsmittels der Fall ist. Bodenorganisation und Luftverkehr sind in ihrer Entwicklung vielfach gegenseitig bedingt, wobei jedoch die Forderungen, die der Betrieb der Luftfahrzeuge im planmäßigen Luftverkehr an die Entwicklung der Bodenorganisation stellt, wesentlich vielgestaltiger und weiter ins Einzelne gehend sind als die etwa erfüllbaren Wünsche, die der Gestalter der Bodenorganisation an die Entwicklung oder Leistungsfähigkeit des Luftfahrzeuges selbst stellen kann oder wird. Ließe sich z. B. die schon vielfach erhobene Forderung nach beliebig kleiner Landegeschwindigkeit des normalen Drachenflugzeuges unter Beibehaltung seiner sonstigen Eigenschaften und Vorteile, die heute seine Leistungsfähigkeit kennzeichnen, erfüllen, wie etwa das schnellste schienengebundene Fahrzeug beliebig langsam zum Halten kommt, so würde ein beachtlicher Teil von Arbeit und Aufwand aus den „Nebenbetrieben" des Luftverkehrs verschwinden und manche mühsam gewonnene und heute noch in der Auswertung befindliche Erkenntnis bereits der Geschichte des Luftverkehrs und der Flughafentechnik angehören.

Die zur Flughafengestaltung charakteristischen Faktoren lassen sich (nach Pirath) wie folgt einteilen[1]:

1. Einsatz und Wert der Flughäfen im Raumsystem der Luftverkehrsnetze.

2. Gestaltung der Flughäfen in Abhängigkeit von den klimatischen und topographischen Verhältnissen.

3. Zweckmäßige technische Gestaltung des Rollfeldes für die Flug- und Rollvorgänge.

4. Gestaltung der Flughafenanlagen in Abhängigkeit von den Abfertigungsvorgängen.

5. Flugsicherung im Flughafennahbereich und auf der freien Strecke bei Schlechtwetterlagen und Dunkelheit.

Die unter den Gesichtspunkten 1—4 der Bodenorganisation zu stellenden Aufgaben und ihr Einfluß auf Sicherheit, Regelmäßigkeit und Leistungsfähigkeit des Luftverkehrs sind z. T. durch umfassende Untersuchungen der letzten Jahre klar herausgearbeitet worden und können bedarfsfalls einer praktischen Lösung zugeführt werden.

Die technische und betriebliche Entwicklung der Einrichtungen der Flugsicherung (Punkt 5)[2], unter denen die Anlagen für Schlechtwetterlandungen einen wichtigen gestaltenden Faktor einer Flughafenanlage darstellen, hat in den letzten Jahren erhebliche Fortschritte gemacht und ist in manchen Punkten zu einer Reife gelangt, die es gestattet, rückschauend das Geschaffene in seinem

---

[1] Pirath: Die Flughäfen im Raumsystem der Luftverkehrsnetze. Forsch.-Erg. V.I.L., Heft 11. Berlin 1937.
[2] Petzel: Die Flugsicherung im europäischen Luftverkehr. Forsch.-Erg. V.I.L., Heft 6. München 1933.

Einfluß auf die Gestaltung der Bodenorganisation und in seiner Wirksamkeit für den Luftverkehr zu bewerten sowie darüber hinaus Schlüsse für die mögliche weitere Entwicklung zu ziehen. Die vorliegende Arbeit wird daher neben der Beschreibung des derzeitigen Leistungsstandes der Flugsicherungstechnik auch die ihr in Zukunft noch zu stellenden Aufgaben zur Leistungssteigerung der Flughäfen erörtern und untersuchen, von welchen Faktoren nach den heutigen Erkenntnissen die Durchführung sicherer Blindlandungen im planmäßigen Verkehr abhängt. Sie wird ferner aufzeigen, welche Forderungen sowohl an die Flughafengestaltung als auch an die Entwicklung der Luftfahrzeuge und ihre Navigationsinstrumente vom Standpunkt der Flugsicherung gestellt werden müssen.

II. Die flugsicherungstechnischen Einrichtungen und ihr Einfluß auf die Gestaltung der Schlechtwetterlandebahn. Begriffsbestimmungen.

Verfolgt man beim heutigen Stand der Technik die Navigationsaufgaben und die Durchführung eines Fluges bei schlechtem Wetter vom Start bis zur Landung, so muß man feststellen, daß der an 100% fehlende Anteil der Regelmäßigkeit im planmäßigen Luftverkehr im wesentlichen auf die Schlechtwetterlagen am Zielhafen zurückzuführen ist, die der Durchführung einer sicheren Landung Schwierigkeiten entgegensetzen. Das sind die Fälle, in denen durch meteorologische Einflüsse die Sicht in der Horizontalen unter etwa 1000 m und in der Vertikalen unter etwa 30 m absinkt.

Der Start eines Flugzeuges kann bei noch geringeren Werten der Sichtigkeit ohne sonderliche Schwierigkeit durchgeführt und z. B. durch bestimmte Kennzeichnung des Rollfeldes (Befeuerung) unterstützt werden. Er ist sonst eine Angelegenheit der Blindflugausrüstung des Flugzeuges, praktisch ohne zusätzliche Aufgaben gegenüber dem eigentlichen Blindflug.

Die Blindnavigation auf dem Streckenflug, zur Zeit in Europa bevorzugt auf die Funkpeilung gestützt, ist eine Angelegenheit, die beim derzeitigen Verkehrsumfang als hinreichend gelöst bezeichnet werden kann. Die von Seiten der Bodenorganisation auf der jetzigen Grundlage in Zukunft noch zu erwartenden Maßnahmen werden keine Änderungen in der Art der navigatorischen Gestaltung des Streckenfluges haben, sowie auch die Regelmäßigkeit der Flugdurchführung nicht merklich beeinflussen können. Die zur Zeit bestehende Abhängigkeit des Fremdpeilwesens von den Einflüssen des Dämmerungs- und Nachteffektes ist durch die in der Einführung befindlichen Peilgeräte, die nur auf den vertikal polarisierten Teil der elektrischen Wellen ansprechen (Adcock), in absehbarer Zeit als überwunden anzusehen. Die Sicherheit des Luftverkehrs wird alsdann auf den Stand der auf dieser Grundlage erreichbaren Werte beschränkt bleiben müssen, wenn man für die flugbetrieblich außerordentlich wichtige Standortbestimmung nicht Verfahren einführt, die eine wesentlich bessere und schnellere Ermittlung des Standortes gestatten. Hierüber wird im einzelnen noch in einem späteren Abschnitt die Rede sein. Das in diesem Zusammenhang noch zur Erörterung stehende Problem der Vereisung ist in erster Linie Angelegenheit des Flugzeugbaus und wird, abgesehen von der durch Wetterberatung beeinflußten — sofern überhaupt möglichen — Abänderung des beabsichtigten Flugweges, nicht durch Einrichtungen der Bodenorganisation gelöst werden können.

Lediglich die Landung bei geringer Sicht oder völliger Unsichtigkeit stellt flugsicherungstechnisch, flughafenbautechnisch und flugbetrieblich die meisten Aufgaben und bereitet die größte Schwierigkeit, was um so erheblicher für die Sicherheit des Luftverkehrs ins Gewicht fällt, als die zeitliche Belastung der Nerven des Flugzeugführers während des gesamten Streckenfluges umgekehrt ihrer physiologischen Leistungsfähigkeit erfolgt. Man hat daher verständlicherweise seine besondere Aufmerksamkeit dem Landevorgang bei geringer Sicht zugewandt und neben der laufenden Verbesserung und Anpassung der Bordnavigationsgeräte an die Aufgaben der Blindlandung im Rahmen der Bodenorganisation eine Reihe von Einrichtungen zur Erleichterung und Durchführung von Schlechtwetterlandungen geschaffen, die in ihrem Zusammenwirken als die Schlechtwetterlandebahn eines Flughafens bereits ein fester Begriff in der Terminologie des Flugsicherungswesens geworden sind (entsprechend den Richtlinien des Reichsluftfahrtministeriums).

Eine Schlechtwetterlandebahn hat die Aufgabe, Flugzeugen den unbehinderten Anflug eines Flughafens bei herabgesetzter oder ganz fehlender Sicht mit anschließender Landung zu ermöglichen. Sie muß zugleich so angelegt sein, daß sie den Blindstart von Flugzeugen ermöglicht und ein Durchstarten gestattet, wenn ein Schlechtwetterlandevorgang mißglückt ist.

Auf drei Hauptbestandteilen im Flughafenbereich bauen sich Gestaltung und betrieblicher Einsatz einer Schlechtwetterlandebahn auf, und zwar

a) den flugsicherungstechnischen Anlagen auf dem Flughafen und im Flughafennahbereich, die zur Erleichterung der Navigationsvorgänge in der Horizontalen und Vertikalen dienen (Anteil der Flugsicherungstechnik),

b) den hindernisfreien Anflugsektoren im Flughafennahbereich zum störungsfreien Einschweben bzw. Starten sowie der Fläche des Rollfeldes, auf der der Übergang vom Fliegen zum erdgebundenen Zustand stattfindet, und die Hauptlandebahn bezeichnet wird (Anteil der Flughafenbautechnik),

c) der Nachrichtenbetriebsstelle, die durch den Peilverkehr und den allgemeinen Funkverkehr mit den startenden und landenden Flugzeugen die Steuerung (Kontrolle) der Bewegungsvorgänge der Flugzeuge im Flughafennahbereich — und darüber hinaus auch auf der Strecke — ausübt (Anteil des Flugbetriebes).

Von diesen drei Bestandteilen stehen die flugsicherungstechnischen Anlagen im Rahmen dieser Arbeit im Vordergrund. Unter ihnen nimmt die Landefunkfeueranlage gegenüber den befeuerungstechnischen Maßnahmen, die als solche nur geringen Einfluß auf die Gestaltung des Flughafens ausüben, einen größeren Rahmen ein. Ihre Bedeutung für die Leistungsfähigkeit des Flughafens ist erheblich.

Im ersten Kapitel werden daher die mittels der Landefunkfeueranlage zu lösenden navigatorischen Aufgaben des Anflugs, die sich auf die Bewegungsführung in der Horizontalen erstrecken, behandelt und die sich für die Flughafengestaltung ergebenden Grundsätze aufgestellt. Im zweiten Abschnitt dieses Kapitels sind die bei der Vertikalnavigation zu lösenden Aufgaben zu untersuchen, wobei neben einer Betrachtung des durch funktechnische Einrichtungen zu lösenden Gleitweges die verschiedenen Höhenmeßverfahren, ihre Bedeutung für die Vertikalbewegung beim Landevorgang und die sich daraus ergebenden Schlußfolgerungen für die Aufgaben der Bodenorganisation zu behandeln sind. Der dritte Abschnitt dieses Kapitels beschreibt die zur Unterstützung des Landevorganges bisher geschaffenen Einrichtungen zur Kennzeichnung und Befeuerung der Schlechtwetterlandebahn.

Die sonstigen neben den flugsicherungstechnischen Einrichtungen die Schlechtwetterlandebahn gestaltenden Einflüsse und ihre Bedeutung für die gesamte Flughafenanlage werden, soweit im Rahmen dieser Arbeit erforderlich, im zweiten Kapitel behandelt, in dem außerdem gezeigt wird, welchen gesetzlichen Niederschlag die aus der bisherigen Entwicklung der Flugsicherungstechnik gewonnenen Erfahrungen für die Flughafengestaltung gefunden haben.

Der flugbetriebliche Anteil (Kontroll- und Steuerzentrale) übt, wenn man vom Standort der Bodenfunk- und Peilstelle, in der er zur Zeit noch ausgeübt wird und die heute auch noch als ein Bestandteil der flugsicherungstechnischen Einrichtungen (zu a) gelten kann, absieht, keinen unmittelbaren Einfluß auf die Gestaltung der Schlechtwetterlandebahn aus. Sie soll daher nur die Grundlage für die Untersuchung der Auswirkungen der flugsicherungstechnischen Einrichtungen auf die Abwicklung des Luftverkehrs bilden. Da aber im Sinne der Leistungssteigerung der Flughäfen zur Zeit eine Verlagerung der Kontroll- und Steuerzentrale von der Bodenpeilstelle in das Flughafenbetriebsgebäude erfolgt, ergibt sich Veranlassung, diese in einem besonderen Kapitel zu behandeln und einige Grundsätze für die Gestaltung des Flughafenbetriebsgebäudes unter den Gesichtspunkten der Flugsicherungs- und allgemeinen Nachrichtentechnik aufzustellen.

1. Die Horizontalnavigation beim Schlechtwetteranflug.

Zur Darstellung des Fortschritts, der im Laufe der Jahre in der Abwicklung des Luftverkehrs in bezug auf Sicherheit und Regelmäßigkeit des Landevorgangs bei Schlechtwetterlagen erzielt wurde, ist ein Vergleich der üblichen Navigationsverfahren zum Anflug eines Flughafens ohne Erdsicht zweckmäßig. Diese Verfahren haben ihre Betriebsform im Laufe der Jahre erhalten. Zur Erzielung einer einheitlichen Betriebsdurchführung hat man — zunächst in Europa — ihre Abwicklung zwischenstaatlich festgelegt. So wurde durch Beschluß der 27. Internationalen Luftfahrtkonferenz, Den Haag, 1928, die Betriebsordnung für den zwischenstaatlichen Flugfunkdienst (IBO) auf Anregung Deutschlands eingeführt. Sie ist auf Grund der Art. 1 und 5 des Gesetzes über die Reichsluftfahrtverwaltung vom 15. Dezember 1933 in Verbindung mit den Vorschriften über die Betriebe der Flugsicherung vom 20. Juni 1935 seit 1. Juli 1935 als „Fernmeldebetriebsordnung für die Verkehrsflugsicherung" (FBO) in Deutschland die rechtsverbindliche Grundlage der Flugsicherung[1].

Für die Darstellung der Leistungsfähigkeit eines Flughafens bei den verschiedenen Landeverfahren sei zunächst folgendes vorweggenommen:

Zur sicheren Betriebsregelung des Luftverkehrs ist um jeden Flughafen ein Flughafennahbezirk (Nahverkehrsbezirk) festgelegt worden, in den das anfliegende Flugzeug bei Schlechtwetterlagen nur mit Genehmigung der Bodenfunk- und Peilstelle eintreten darf (FBO, Abschn. IV Art. 39 § 1). Nach der FBO ist der Nahverkehrsbezirk als ein nicht genau begrenztes Gebiet von 40 km Halbmesser um einen Flughafen definiert, das für Flughäfen mit Bodenfunk- und Peilstelle zur Erleichterung von Schlechtwetterlandungen vorgesehen ist. Nach der zwischenstaatlichen Begriffsbestimmung soll zwischen den Grenzen des Flughafens und denen des Nahverkehrsbezirks im allgemeinen ein Abstand von 20 km vorhanden sein. Daß bei der vorliegenden Betrachtung zweckmäßig nur ein Kreis von 15 km Halbmesser zugrunde gelegt wird, hängt von besonderen flugsicherungstechnischen Einrichtungen ab, über die im einzelnen noch ausführlich gesprochen wird. Wir nehmen also diesen Bezirk als einen Kreis von 15 km Halbmesser um den Flughafen an und bezeichnen die Zeit, die das Flugzeug zum Zurücklegen dieser Strecke — von der Nahverkehrsbezirksgrenze bis zum Flughafen — benötigt, mit t_A (Anflugzeit). Bezeichnet man ferner die Zeit, die für den eigentlichen Landevorgang (Landenavigation) noch zusätzlich benötigt wird und somit als Verlustzeit in Erscheinung tritt, mit t_V, so ist die Zeit t_N, in der das Flugzeug sich im Luftraum des Nahverkehrsbezirks aufhält

$$t_N = t_A + t_V . \tag{1}$$

Da es aus betrieblichen Gründen nicht möglich ist, ein zweites den Flughafen anfliegendes Flugzeug in den Nahverkehrsbezirk eintreten zu lassen, bevor das erste gelandet ist, so kann man die Leistungsfähigkeit eines Flughafens bei Schlechtwetterlagen kennzeichnen durch die Zahl der maximal möglichen Landungen in der Stunde

$$L = \frac{60}{t_N} = \frac{60}{t_A + t_V} , \tag{2}$$

wenn alle Zeiten t in Minuten gemessen werden.

In den nachfolgenden Betrachtungen wird stets für Flüge im Nahverkehrsbezirk eine Flugzeuggeschwindigkeit über Grund von 150 km/h angenommen, wie sie zur Zeit bei der Navigation des Blindanflugs aus der Leistungsfähigkeit der derzeitigen Flugzeugmuster üblich geworden ist. Die Zeit für den Anflug von der Flughafennahbezirksgrenze bis zum Flughafen beträgt also stets

$$t_A = 6 \ \text{min} . \tag{3}$$

Die Verlustzeit t_V ist für die verschiedenen Verfahren gesondert zu ermitteln.

Das einfachste Verfahren zum Anflug eines Flughafens bei schlechtem Wetter ist, wenn die Wolkenhöhe noch nicht so weit herabgesunken ist, daß wesentliche Hindernisse in der Umgebung des Flughafens in den Wolken liegen, das Durchstoßverfahren (FBO, Abschn. IV, Art. 40, § 2, 1). Das Flugzeug wird durch Zielpeilung (qdm) über den Flughafen gelotst und, sobald es vom Boden her akustisch hörbar ist, zum Durchstoßen der Wolkendecke (qfh) aufgefordert. Es fliegt im allgemeinen 2 min vom Hafen fort, führt eine Blindflugkurve aus, und verringert beim Wiederanflug die Höhe. Es bekommt in genügender Höhe über Grund Erdsicht und landet wie bei normalem Wetter. Glücklicherweise ist dieses Verfahren für einen großen Teil der Schlechtwetterlagen an-

---

[1] Reichsministerialblatt 1935, S. 580.

wendbar (Abb. 1), so daß ein erheblicher Zeitverlust sich für das einzelne Flugzeug durch dieses Verfahren nicht ergibt (Abb. 2a). Die Leistungsfähigkeit des Flughafens beträgt also für diese Wetterlage im günstigsten Fall

$$L = \frac{60}{6+4} = 6 \tag{4}$$

d. h. es können bis zu max. 6 Flugzeuge in der Stunde hereingeholt werden. Unangenehmer werden jedoch die Verhältnisse bei einem großen Ziel- oder Durchgangshafen, auf dem zu praktisch gleicher Zeit eine Anzahl von Flugzeugen am Hafen zu erwarten ist, die zur Vermeidung von Zusammenstößen einerseits und zur klaren Unterscheidung beim Abhören vom Boden andererseits gar nicht erst bis in die Nähe des Flughafens herangeholt werden können, sondern auf der Strecke oder in größerer Entfernung vom Flughafen (außerhalb des Nahverkehrsbezirks) warten müssen. Die Anflugzeit t_A vergrößert sich dann noch um die Zeit, die das Flugzeug bis zum Erreichen der Nahbezirksgrenze benötigt. Die Leistungsfähigkeit des Flughafens sinkt entsprechend.

Das zweite Verfahren ist das ZZ-Verfahren (Abb. 2b), das bei schlechteren Wetterbedingungen, Vertikalsicht z. B. 20—50 m, angewendet werden muß und das sich zwangsläufig aus der fliegerischen Praxis ergeben hat. Es ist auf der Nachtflugstrecke Berlin—Königsberg im Jahre 1928 eingeführt worden und nach und nach zu der heutigen Form gelangt (FBO, Abschn. IV, Art. 40, § 2,2). Der Unterschied gegenüber dem Durchstoßverfahren besteht darin, daß das Durchstoßen wegen der Gefahr des Aufrennens auf die Hindernisse nicht sofort nach dem Anflug über dem Platz erfolgt, sondern erst beim Anflug des Hafens auf einer besonders hindernisfreien Anfluggrundlinie. Das Flugzeug, das über oder in den Wolken mittels Peilungen den Flughafen als Abschluß des Streckenfluges erreicht hat und durch die Bodenpeilstelle hiervon verständigt ist (qfg), verläßt in einer bestimmten hindernisfreien Richtung den Hafen und nimmt nach einer bestimmten Zeit Gegenkurs auf, um unter stetiger Verringerung der Höhe den Hafen wieder anzufliegen. Dadurch, daß der Hafen mit einem ganz bestimmten Kurs verlassen wurde, ist der zum Flughafen zurückführende hindernisfreie Gegenkurs genau bekannt und dadurch, daß

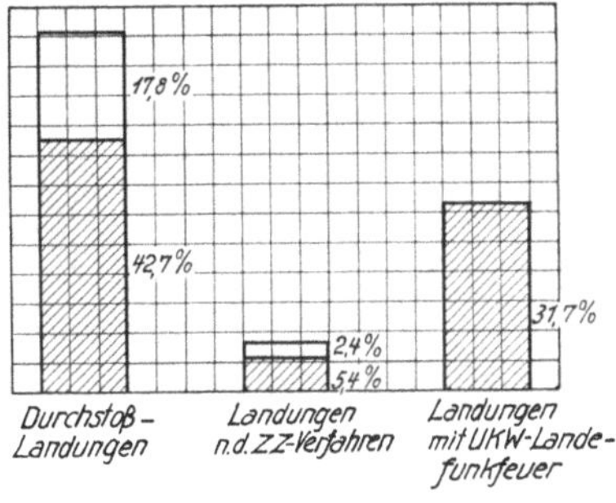

Abb. 1. Analyse der im Jahre 1937 auf sämtlichen deutschen Verkehrsflughäfen ausgeführten Schlechtwetterlandungen.

der Abflug eine bestimmte Anzahl von Minuten gedauert hat, ist die Zeit, in der das Flugzeug den Hafen wieder erreichen muß, auch genau bekannt. Der Anflug ist einheitlich auf sieben Minuten festgelegt worden. Der Abflug, der je nach den Windverhältnissen etwas kürzer oder länger als sieben Minuten dauern kann, gibt dem Flugzeugführer die Möglichkeit, den eigentlichen Anflug auf genau sieben Minuten zu bringen. Aus diesem Grunde ist ein Anflug ohne das vorherige zeitraubende Überfliegen des Hafens nicht statthaft (Abb. 2b).

Nachdem das Flugzeug sich die vorgeschriebene Zeit vom Flughafen entfernt hat, dreht es durch eine 180°-Kurve wieder auf den Hafen ein. Diese Kurve versetzt das Flugzeug um 8° vom Abflugkurs, die, wie es für den Blindflug vorgeschrieben ist, mit dem Ausschlag einer Wendezeigerbreite geflogen wird. Damit das Flugzeug nach der Kurve sofort auf der festgelegten Anfluggrundlinie liegt, wird der Abflug von vornherein mit einem Kurs angesetzt, der um 8° größer oder kleiner ist als die Grundlinie des Abflugs, je nachdem ob eine Links- oder eine Rechtskurve beabsichtigt ist. Unmittelbar nach der Kurve wird eine Zielpeilung angefordert. Die nächsten Peilungen werden etwa minütlich wiederholt, wobei die sich ergebenden Kursversetzungen vom Flugzeugführer verbessert werden. In der letzten Minute vor der errechneten Ankunftszeit werden im allgemeinen keine Peilungen mehr angefordert, da Peilungen aus zu großer Nähe kein richtiges Bild mehr von der Lage des Flugzeugs zur Bodenpeilstelle geben. Andererseits muß das Flugzeug zum Empfang des Vorsignals bereit sein. Sobald der Peilflugleiter, der den Landevorgang vom Boden her verantwortlich leitet, das Motorengeräusch des Flugzeugs einwandfrei feststellt, gibt er dem Flugzeug das Vorsignal (z. B. MO, Motorengeräusch Ost). Dem Vorsignal folgt, wenn das Flugzeug noch richtig auf der Grundlinie liegt, das Zeichen zur Landung „ZZ“ (Hauptsignal). Bei Zweifeln, ob das Flugzeug aus Richtung und Flughöhe das Rollfeld zur Landung sicher erreichen kann, erhält es die Weisung „JJ“ (Gas geben). In diesem Fall ist der ganze Anflug zu wiederholen.

Dieses Verfahren bedeutet einen erheblichen Zeitverlust, da der Landevorgang eines Flugzeugs den Nahverkehrsbezirk auf lange Zeit sperrt. Es ergibt sich in diesem Fall als günstigster Wert

$$L = \frac{60}{6 + 15} = 2{,}86. \tag{5}$$

Es kommt wiederum hinzu, daß wartende Flugzeuge — wie auch beim Durchstoßverfahren — sich naturgemäß in größerer Entfernung vom Flughafen aufhalten müssen, so daß auch hier die Zeit t_A

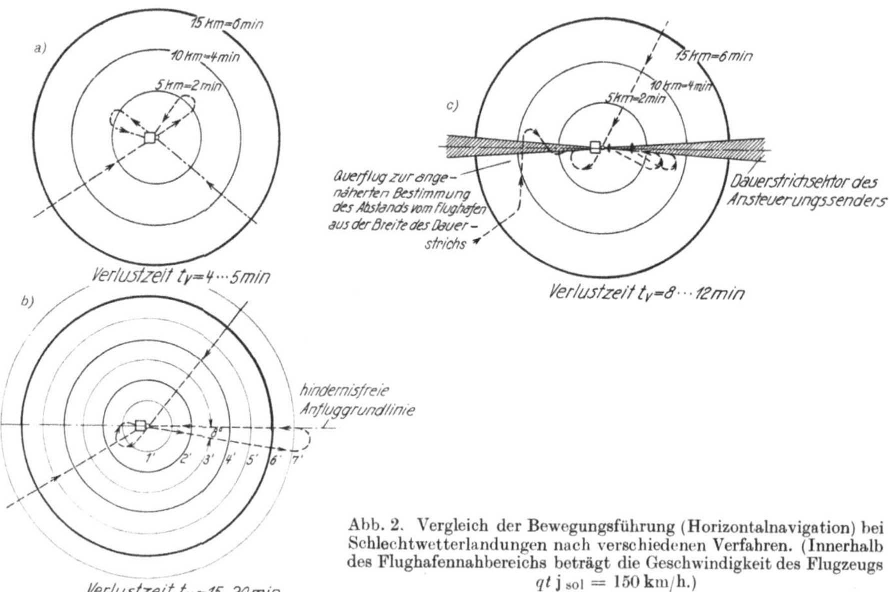

Abb. 2. Vergleich der Bewegungsführung (Horizontalnavigation) bei Schlechtwetterlandungen nach verschiedenen Verfahren. (Innerhalb des Flughafennahbereichs beträgt die Geschwindigkeit des Flugzeugs $qt\,j_{sol} = 150\,\mathrm{km/h}$.)

sich noch erhöht (etwa um 10 Minuten). Bei geschicktester Disposition vom Boden her ist es also nur möglich, praktisch zwei Flugzeuge in der Stunde bei Schlechtwetterlagen hereinzuholen.

Auf die mitunter noch geübten Landeverfahren nach FBO, Abschn. IV, Art. 40, § 2,2 wie: Abgekürztes ZZ-Verfahren, Nichtabgabe des Zeichens ZZ, Herabgehen bis zur Bodensicht durch Wegflug vom Flughafen usw. braucht an dieser Stelle nicht näher eingegangen zu werden[1]. Sie stellen nur geringfügige Abwandlungen der beschriebenen Verfahren dar und sind für die Leistungsfähigkeit eines Flughafens nicht charakteristisch.

Eine Verbesserung der Verhältnisse brachte das in den Jahren 1933 und 1934 entwickelte Landeverfahren mit einem Ansteuerungsfunkfeuersender auf Ultrakurzwelle, das die Peilungen vom Ab- und Anflug und ihre betrieblichen Erschwernisse durch einen fest im Raum liegenden Leitstrahl ersetzt. Durch dieses Verfahren tritt eine erhebliche Vergrößerung der Sicherheit beim

---

[1] Gerlach: Die Ausgestaltung der Flughäfen in Abhängigkeit von den Flug- und Abfertigungsvorgängen. Forsch.-Erg. V.I.L., Heft 11. Berlin 1937.

Anflug ein, da der zur einwandfreien Landung erforderliche Anflugkurs mit großer Genauigkeit eingehalten werden kann.

Die akustisch unsicheren Vor- und Haupteinflugzeichen werden durch elektrische, für jeden Flughafen gleichwertige Einflugsignale ersetzt, so daß die durch das Abhören der Motorgeräusche vom Boden her bedingte Ungenauigkeitsspanne in der Abstandskennzeichnung von der Rollfeldgrenze entfällt.

Es ist bei dem Landeverfahren mit einer Landefunkfeueranlage jedoch eine zusätzliche Bordempfangsanlage erforderlich, sowie eine nicht unerhebliche Schulung des Flugzeugführers, nach akustischer bzw. optischer Anzeige sicher zu fliegen. Aus beiden Gründen geht daher die Einführung dieses Verfahrens langsamer vor sich als es seiner Leistungsfähigkeit entspricht (Abb. 3).

Ein wesentlicher Zeitgewinn gegenüber dem ZZ-Verfahren ließ sich jedoch mit der Landefunkfeueranlage noch nicht ohne weiteres erzielen, da auf das vorherige Überfliegen des Platzes zur Erhöhung der Ortungssicherheit des Flugzeugführers nicht verzichtet werden konnte (Abb. 2c). Durch einen zur Zeit in Einrichtung befindlichen dritten Einflugzeichensender mit Zielflugfunkfeuer in 15 km Abstand vom Flughafen ergibt sich jedoch die Möglichkeit, die Flugzeuge bereits in größerer Entfernung im unmittelbaren Anschluß an den Streckenflug auf den Leitstrahl gelangen zu lassen. Ferner ist unmittelbares Warten auf dem Leitstrahl mit genau festgelegtem Flugweg möglich, wobei das Flugzeug jederzeit ohne erheblichen Zeitverlust sofort zum Landevorgang übergehen kann.

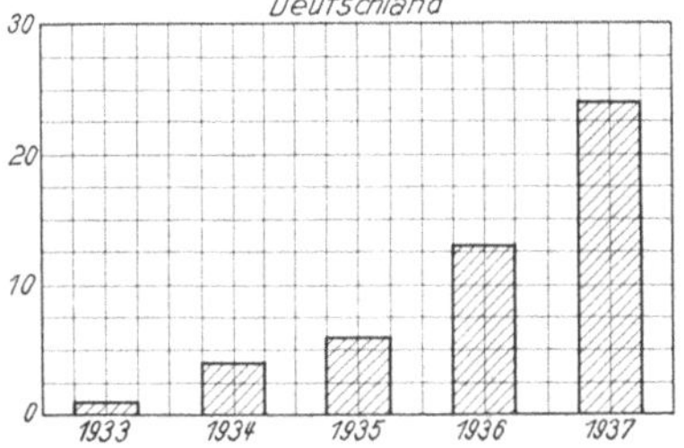

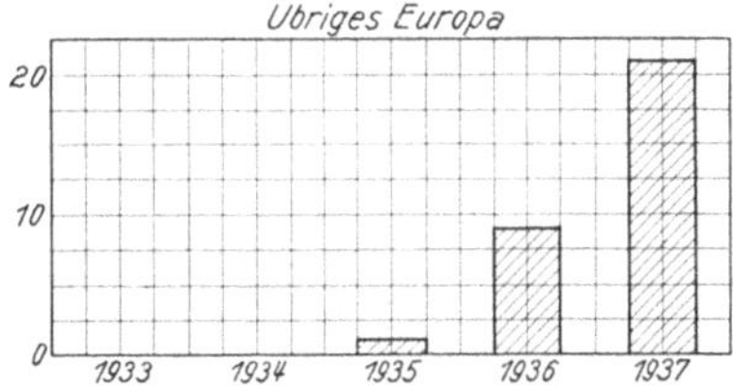

Abb. 3. Einführung der UKW-Landefunkfeueranlage (System Lorenz).

Die zwischenstaatliche Einführung einer Landefunkfeueranlage auf Ultrakurzwelle in Europa erfolgte auf Anregung Deutschlands durch Vorschlag der 3. europäischen Konferenz der Flugfunksachverständigen (CEERA), Warschau, 1934. Das Betriebsverfahren der Landungen nach der Landefunkfeueranlage ist in der FBO, Abschn. IV, Art. 40, § 3, festgelegt.

Eine neuzeitliche Landefunkfeueranlage besteht aus dem Ansteuerungsfunkfeuersender (kurz Ansteuerungs- oder Leitstrahlsender genannt) und den als Abstandsmarken von der Rollfeldgrenze dienenden Hilfssendern. Es sind dies:

1. Haupteinflugzeichensender in einem Abstand von 300 m ± 30 m von der Rollfeldgrenze,

2. Voreinflugzeichensender in einem Abstand von 3000 m ± 100 m von der Rollfeldgrenze und neuerlich

3. Zielflug- und Markierungsfunkfeuersender in einem Abstand von 15 km ± 400 m von der Rollfeldgrenze.

Ihre Anordnung auf einer Schlechtwetterlandebahn ist in Abb. 4 schematisch wiedergegeben, aus der auch ersichtlich ist, daß alle Sender auf der für die Schlechtwetterlandebahn festgelegten Grundlinie liegen. Als seitliche Abweichung sind ± 0,25°, bezogen auf den Standort des Leitstrahlsenders, zugelassen.

Auf eine Beschreibung der Wirkungsweise der Einflugzeichensender, die aus einem von einem 5 Watt-Sender gespeisten Horizontaldipol mit geeignetem Reflektornetz bestehen und mit ihrem Strahlungsdiagramm eine vom Flugzeug zu durchfliegende elektrische Wand darstellen[1], kann im Rahmen dieser Arbeit verzichtet werden.

Das Zielflug- und Markierungsfunkfeuer kennzeichnet die Stelle, an der ein den Flughafen ohne Erdsicht anfliegendes Flugzeug die Horizontalnavigation nach der Landefunkfeueranlage auf-

---

[1] Zetzmann: Landefunkfeuer der Reichsflugsicherung. ETZ 58/1937, S. 904.

nehmen soll. Es besteht, wie der Name sagt, aus zwei verschiedenen, dicht nebeneinander errichteten Sendern, deren wichtigste Angaben in Tab. 1 zusammengestellt sind.

Der Zielflugsender gestattet — wie bereits erwähnt — (mittels Zielflug-Eigenpeilgerät) den unmittelbaren Anflug des gewählten Ortes aus dem Streckenflug, der Markierungssender stellt die Abstandskennung vom Flughafen dar und gewährleistet eine sichere Anzeige des Überfliegens dieses Ortes[1]. Über die Navigationsaufgaben beim Übergang vom Streckenflug zum Landevorgang ist in einem nachfolgenden Abschnitt die Rede, in dem auch die erzielte Leistungssteigerung eines mit einer vollständigen Schlechtwetterlandeanlage ausgerüsteten Flughafens ausführlicher behandelt werden soll[2].

Die Wirkungsweise des Leitstrahlsenders wird nachstehend in einem Umfang beschrieben werden, wie sie zum Verständnis der zu behandelnden Störungseinflüsse im Zusammenhang mit der

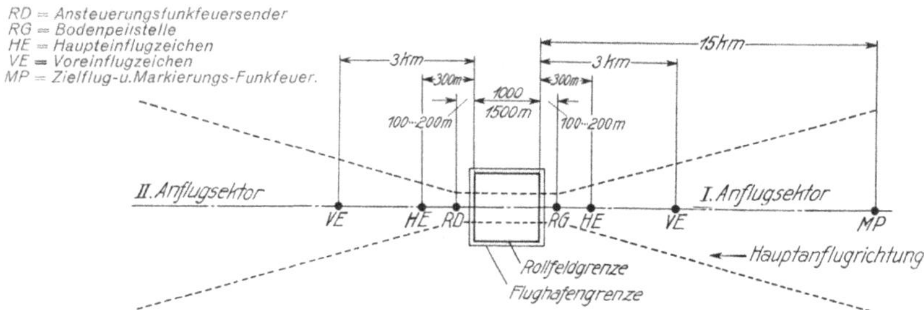

Abb. 4. Norm-Anordnung einer Landefunkfeueranlage.

Flughafengestaltung und zur Darstellung der flugnavigatorischen Aufgaben benötigt wird. Auf eine Darstellung anderer Ausführungsformen von Landefunkfeueranlagen, die auf Grund ihrer Wirkungsweise auch andere Anforderungen an die Bodenorganisation stellen können, als sie sich aus dem europäischen Standardsystem ergeben, muß im Rahmen dieser Arbeit verzichtet werden.

Eine übersichtliche Beschreibung aller bis etwa 1938 praktisch bekanntgewordenen Verfahren hat Jackson[3] gegeben.

Tabelle 1.

	Zielflugsender	Markierungs-sender
Betriebswelle . .	406 kHz	38,0 MHz
Modelungsfrequenz	0	700 Hz
Tastung	Betriebsart A_1 Dauerstrich mit eingestreutem Rufzeichen des Flughafens	1 s Strich 1 s Pause
Abgestrahlte Leistung	50—100 W	80 W

A. Wirkungsweise des Ansteuerungssenders (Leitstrahlbildung).

Die Wirkungsweise des Leitstrahlsenders des europäischen Systems[4], das auf Grundgedanken deutscher Vorschläge (Scheller, Kiebitz)[5] in Amerika weiterentwickelt[6] und in Deutschland vervollkommnet wurde[7], ist folgende:

Einem mit einer Ultrakurzwelle dauernd gespeisten Vertikaldipol sind zwei abwechselnd ge-

[1] Grünert: Markierungsfunkfeuer der Reichsflugsicherung zur Unterstützung der Navigation bei fehlender Sicht für Streckenflug und Landung. Draht und Äther Nr. 8, 1938, S. 138 und Giesecke und v. Ottenthal: Beschleunigung der Schlechtwetterlandung durch UKW-Markierungssender. Luftwissen Nr. 6, 1939, S. 97.

[2] Abschn. V S. 76.

[3] Jackson: Status of Instrument Landing Systems. Proceedings of the Institute of Radio Engineers. New York, Bd. 26 (1938), S. 681.

[4] Nach den Entschließungen der Weltfunkkonferenz in Kairo und im Haag (1938) sind für Ansteuerungssender folgende Ultrakurzwellen zwischenstaatlich festgelegt worden: 33,3 MHz als Hauptwelle für Verwendung in der ganzen Welt, ferner 33,8, 34,0, 34,2, 34,4, 34,6 und 34,8 MHz.

[5] Kramar: Die Ultrakurzwellen-Funkbake. ENT Nr. 9, 1932, S. 469.

[6] Diamond und Dunmore: A radio beacon and receiving system for blindlanding of aircraft. N.S. Department of Commerce Bureau of Standards Research, Paper No. 238, 5. Oct. 1930 und Bur. Stand. J. Res. Bd. 5 (1930) S. 897.

[7] Kramar: Neuere Arbeiten auf dem Funkbaken-Gebiete. Hochfr. u. Elektroak. Nr. 40, 1932, S. 88.

tastete Reflektoren dergestalt zugeordnet, daß im Rhythmus der Tastung, bezogen auf die Achse des Systems, zwei spiegelbildliche Strahlungsdiagramme erzeugt werden, wie sie Abb. 5 wiedergibt. In Richtung der Grundlinie ist die Feldstärke der beiden Strahlungszustände die gleiche, so daß ein genau in dieser Richtung sich befindender Empfänger von der wechselnden Tastung der Reflektoren nichts wahrnimmt, sondern nur einen „Dauer"strich empfängt. Zur Sicherstellung dieses Dauerstrichs werden zur Schaltung der Reflektoren besonders konstruierte Relais benutzt, die nur eine Umschlagzeit von nur wenigen Millisekunden haben, so daß der Umschalt-,,Klick" praktisch nicht wahrgenommen werden kann. Rechts und links von der Hauptrichtung überwiegen jeweils die Intensitäten des Strich- oder Punktdiagramms, so daß aus der Art der Kennung — mehr oder minder starker Dauerstrich, aus dem sich Punkte oder Striche zusätzlich hervorheben — die jeweilige Lage zur Grundlinie eindeutig ersichtlich ist (Amplitudenvergleich).

Der Empfang eines Dauerstrichs ist theoretisch nur in der Symmetrieachse vorhanden, praktisch ergibt sich jedoch stets ein Sektor von einigen Winkelgraden Öffnung, der als D a u e r s t r i c h s e k t o r bezeichnet wird.

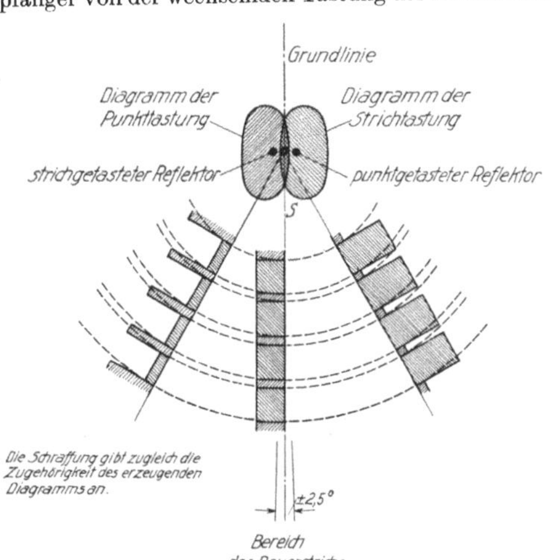

Abb. 5. Ansteuerungssender. Schematische Darstellung des Zustandekommens eines Leitstrahls.

Der Öffnungswinkel des Dauerstrichsektors, der in der allgemeinen Sprechweise häufig nicht ganz zutreffend mit L e i t s t r a h l b r e i t e bezeichnet wird, hängt von

a) der dem Strahlersystem charakteristischen Strahlschärfe,

b) einem Systemfaktor der Empfangsanlage ab, der durch die Intensitätsunterschiede (Reizschwelle) gekennzeichnet ist, auf die hin eine Anzeige überhaupt erfolgt.

Man kann die Zusammenhänge folgendermaßen darstellen (vgl. Abb. 6). Hierin ist der Schnittpunkt der beiden Diagramme aus Abb. 5 nochmals herausgezeichnet. Bezeichnet man die Strecke OP mit $\mathfrak{E}$, so erhält man bei einer Auslenkung $d\alpha$ einen Feldstärkeunterschied $d\mathfrak{E}$. Nach Z i j l s t r a [1] kann man die Beziehung aufstellen:

$$s = \lim_{a \to 0} \frac{1}{\mathfrak{E}} \cdot \frac{d\mathfrak{E}}{d\alpha} \quad \text{d. h.} \tag{6}$$

die Strahlschärfe läßt sich (als Schnittwinkel der beiden Diagramme betrachtet) angeben zu:

$$s = 2 \cdot \mathrm{tg}\, \frac{\beta}{2} = \frac{\Delta\mathfrak{E}}{\mathfrak{E}} \cdot \frac{1}{\Delta\alpha} . \tag{7}$$

Wir führen durch den Wert $\frac{\Delta\mathfrak{E}}{\mathfrak{E}} = S$ (Systemfaktor) den Schwellwert des Empfangssystems, bei dem die unterschiedlichen Energien der Reflektordiagramme wahrnehmbar werden, ein und schreiben für den Öffnungswinkel des Dauerstrichs

$$\Delta\alpha = \frac{S}{s} \quad \text{d. h.} \tag{8}$$

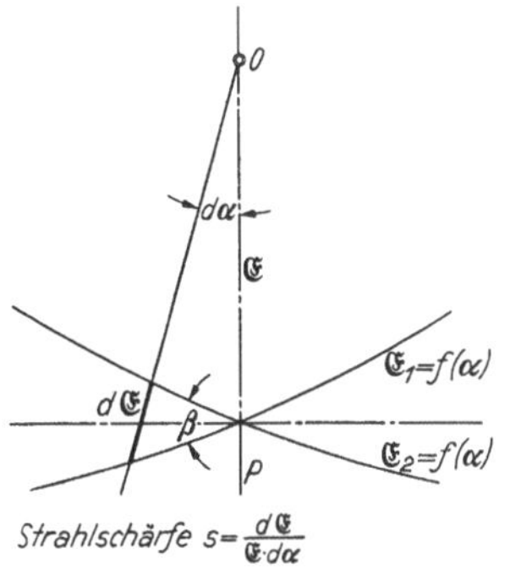

der Öffnungswinkel des Dauerstrichsektors ist proportional dem Empfindlichkeitsfaktor S der Anzeigevorrichtung und umgekehrt proportional der Strahlschärfe s des Richtantennensystems.

Abb. 6. Darstellung der Strahlschärfe.

<hr>

[1] Zijlstra: Richtfunkbakensender für Flugplätze. Philips techn. R. Nr. 2, 1937, S. 370.

Da die horizontalen Strahlungsdiagramme $\mathfrak{E}_1 = f(\alpha)$ und $\mathfrak{E}_2 = f(\alpha)$ häufig nicht in funktionell einfacher Form darstellbar sind, ermittelt man den Öffnungswinkel des Dauerstrichsektors in der Praxis, indem man den Quotienten $\mathfrak{E}_1/\mathfrak{E}_2$, der durch einfache Messungen leicht gefunden werden kann, in Abhängigkeit von der Abweichung von der Grundlinie aufträgt. Der Winkel, den die Tangente im Nullpunkt gegen die Horizontale bildet, ist ebenfalls ein Maß für die Strahlschärfe (Abb. 7).

Die Größe des Öffnungswinkels hängt in der Praxis von dem navigatorischen Zweck ab, den der Leitstrahl erfüllen soll. Im Gegensatz zu Richtfunkfeuern für die Streckennavigation (Öffnungswinkel $\leq 1°$) hat sich für die Zwecke der Landenavigation (Nahnavigation) ein Öffnungswinkel von etwa $5°$ als vorteilhaft erwiesen. In Abb. 7 entspricht ein Öffnungswinkel von $5°$ einem Feldstärkenunterschied von etwa 7%, was der akustisch wahrnehmbaren Unterschiedsgrenze bei den bisher üblichen Geradeaus-Bordempfängern entspricht. Der Empfindlichkeitsfaktor S ist dabei durch den Feldstärkenunterschied

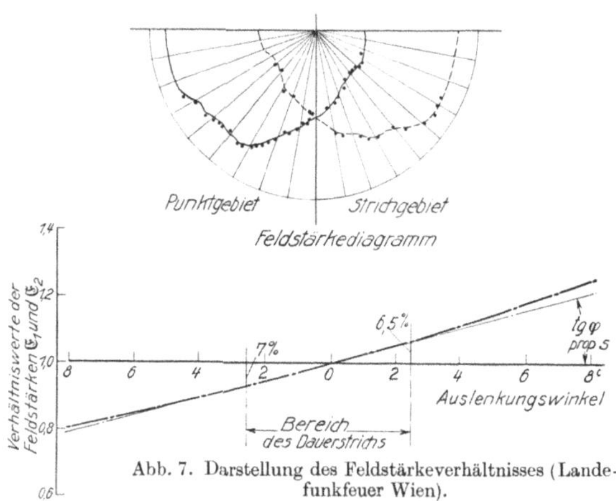

Abb. 7. Darstellung des Feldstärkeverhältnisses (Landefunkfeuer Wien).

$$\Delta\mathfrak{E} = \mathfrak{E}_1 - \mathfrak{E}_2 \qquad (9)$$

gekennzeichnet, da es sich in der praktischen Auswertung um eine Differenzmessung handelt. In diesem Fall geht die absolute Größe der Feldstärke in den Systemfaktor und damit in den Öffnungswinkel des Dauerstrichs ein. Die Leitstrahlkante ist, besonders in größeren Entfernungen, eine gekrümmte Linie.

B. Navigation nach dem Leitstrahl.

Nach der bisher in Deutschland (DLH) geübten Praxis des Fliegens nach einem Leitstrahlfunkfeuer wird in großen Entfernungen (15—30 km) innerhalb des Dauerstrichsektors geflogen.

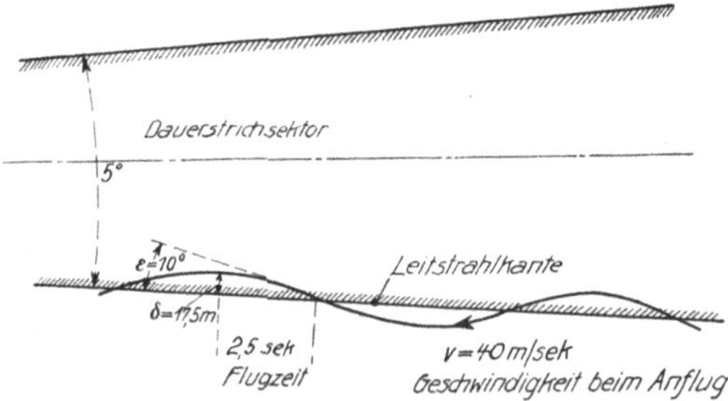

Abb. 8. Darstellung des Flugweges auf der Leitstrahlkante bei böigem Wetter.

Die Kursbestimmung erfolgt mit Hilfe des Kompasses oder Kurskreisels. Tritt durch seitliche Winde eine allmähliche Versetzung des Flugzeuges ein, so wird zu irgendeiner Zeit die Grenze des Dauerstrichbereichs erreicht, was der Flugzeugführer wahrnimmt und zur entsprechenden Kursverbesserung benutzt. Mit zunehmender Annäherung an den Leitstrahlsender wird die Breite des Dauerstrichs kleiner, so daß ein stetiges Halten des Flugzeugs innerhalb des Dauerstrichs immer schwerer wird. Man geht alsdann dazu über, auf der Kante zu fliegen, d. h. das Flugzeug in einer Lage zu halten, bei der die Seitenkennung gerade im Verschwinden begriffen ist. Diese Flugtechnik stellt jedoch erhöhte Ansprüche an das Einfühlungsvermögen des Flugzeugführers. Außerdem ist auch ihr eine Grenze gesetzt. Ein ausschließlicher Anflug auf der Kante wird erst dann in Frage kommen, wenn man in der Lage ist, die Seitenkennung des Leitstrahls auf eine automatische Kurssteuerung aufzuschalten. In diesem Fall wird man dann auch zu Richtfunkfeuern mit größerer Strahlschärfe übergehen.

Unterhalb eines gewissen Bereichs der Breite des Dauerstrichs ist, insbesondere bei böigem Wetter, ein Fliegen nach dem Leitstrahl praktisch nicht mehr möglich. Eine eindeutige Festsetzung, unterhalb welcher Dauerstrichbreite eine sichere Navigation nach dem Leitstrahl nicht mehr durchzuführen ist, ist naturgemäß nicht ohne weiteres möglich. Man kann aber etwa folgende Überlegung anstellen, wie sie in Abb. 8 wiedergegeben ist. Es wird für böiges Wetter die Annahme gemacht, daß das Flugzeug bis maximal 10° aus dem Kurse versetzt wird und der Flugzeugführer 2—3 s braucht, um dieser Versetzung entgegenzusteuern. Es ist nun einleuchtend, daß der Bereich des Dauerstrichs nicht schmäler werden darf als die sich maximal ergebende Versetzung, weil dann bereits eine andere Seitenkennung auftritt. Diese Breite ist bei den gewählten Annahmen 17,5 m.

Dies bedeutet, daß ein Leitstrahlfunkfeuer innerhalb eines Bereichs, in dem räumlich die Breite des Dauerstrichs schmäler als etwa 17,5 m wird, praktisch nicht mehr mit Sicherheit zum Anflug benutzt werden kann. Für jeden Öffnungswinkel des Leitstrahls ergibt sich mithin ein bestimmter Unsicherheitsbereich, der in Abb. 9 dargestellt und für den Bezugswert 17,5 m errechnet ist. Bei einem Öffnungswinkel von z. B. 5° ist der Unsicherheitsbereich etwa 200 m zu beiden Seiten des Ansteuerungssenders, was der fliegerischen Erfahrung entspricht. Für den Schlechtwetteranflug eines Hafens mit Landung über den Ansteuerungssender hinweg bedeutet dies eine gewisse fliegerische Unsicherheit, da man die letzten 10 s vor der Landung nur noch auf die Kompaß- oder Kurskreiselanzeige für die Horizontalnavigation angewiesen ist und über die möglichen Versetzungen durch Seitenwind und die Lage des Flugzeugs in der Hauptlandebahn kein klares Bild bekommt.

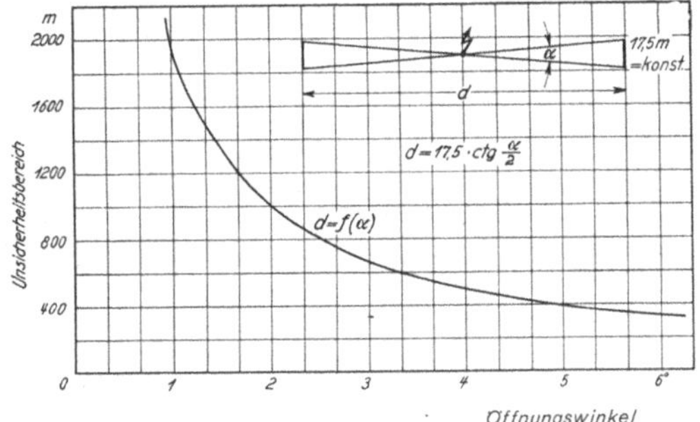

Abb. 9. Unsicherheitsbereich in Abhängigkeit vom Öffnungswinkel (Bezugswert = 17,5 m).

C. Beeinträchtigung der Leitstrahlbildung durch topographische und physikalische Einflüsse im Flughafen und im Flughafennahbereich.

Bei der erstmaligen Inbetriebnahme von Landefunkfeueranlagen auf verschiedenen Flughäfen beobachtete man sehr bald, daß bei der Anordnung des Ansteuerungssenders am Rande des Rollfeldes das Zustandekommen eines einwandfreien Leitstrahls durch Reflexion der Strahlung an der Topographie (bauliche Anlagen) des Flughafens oder des Flughafennahbereichs sowie auch durch veränderliche Bodenverhältnisse in der Nähe des Senders selbst in Frage gestellt wurde. Einige dieser Fälle werden im folgenden beschrieben, da sie einen Beitrag für die Ausbreitungsverhältnisse kurzer elektrischer Wellen liefern. Aus ihnen sollen alsdann die sich für die Anordnung der Senderanlage wie der Flughafenbauten ergebenden Schlußfolgerungen gezogen werden.

a) Einfluß von Hochbauten.

Bei der fliegerischen Vermessung der auf dem Flughafen A eingebauten Landefunkfeueranlage (Februar 1936) mit dem Standort I in Abb. 10 wurden wesentliche Unregelmäßigkeiten im Verlaufe des Feldstärkenverhältnisses der beiden Richtdiagramme festgestellt. Es ergab sich, daß nicht nur der beabsichtigte Leitstrahl geknickt war, sondern daß mehrere Leitstrahle entstanden (Strahlspaltung). Die Erscheinungen konnten auf Reflexion an dem 100 m hohen, etwa 1 km von der Grundlinie entfernt stehenden Gaskessel eines Gaswerkes zurückgeführt werden.

Ähnliche Verhältnisse hatten sich auch beim Einbau einer Anlage auf dem Flughafen B (Abb. 11) herausgestellt, wo sich Reflexionen an Flugzeughallen, die zwar niedriger waren, aber dafür näher zur Grundlinie standen, ergaben. Es ließ sich in solchen Fällen zeigen, daß beim Querflug zum Leitstrahl nicht ein eindeutiger Übergang von der Punktkennung zum Dauerstrich und von diesem zur Strichkennung erfolgt, sondern daß nach einem schmalen Bereich des Dauerstrichs wieder Punkt- oder Strichkennung auftauchen und daß diese Erscheinung auch in Richtung des Anfluges nicht konstant ist (Leitstrahlknickung Abb. 12). Das aus der Überlagerung der direkten und reflektierten Strahlung entstehende resultierende elektrische Feld bildet stehende Wellen im Raum, wie sie Abb. 13 zeigt.

Da unter diesen Umständen die Anlagen für den praktischen Betrieb unbrauchbar waren, mußten Lösungen gesucht werden, die das Entstehen solcher Störungen vermieden. Es kommen in Frage:

1. Beseitigung der reflektierenden Hindernisse (im Falle des Flughafens *A* hätte die Beseitigung des Gaskessels einschl. Gaswerk etwa den gleichen Aufwand zur Folge gehabt, wie die Verlegung des gesamten Flughafens),

2. Aufstellung des Ansteuerungssenders an einer Stelle, die den Störstrahler symmetrisch zu beiden Reflektordiagrammen legt (gleiche Beaufschlagung) und

3. Aufstellung des Senders in größerer Entfernung vom Rollfeld und insbesondere von den Rückstrahlern, um den Anteil des überlagernden (reflektierten) Feldes herabzusetzen.

Die Lösung zu 2. war im Falle des Flughafens *A* aus fliegerischen Gründen nicht durchführbar, da der Gaskessel alsdann auf der Grundlinie lag. Die Lösung zu 3. ist ausgeführt und zwar ist der Ansteuerungssender in 3 km Entfernung vom

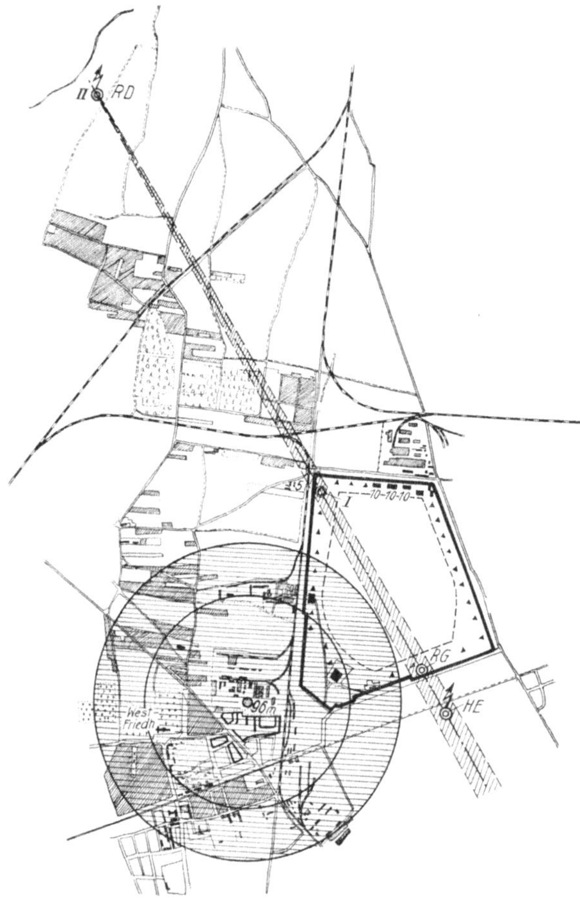

Abb. 10. Landefunkfeueranlage Flughafen A. (Aufstellungsort in 3 km Entfernung vom Rollfeld.)

Rollfeld aufgestellt worden (Standort *II* in Abb. 10). Die Ausbreitungsverhältnisse und der erzielte Leitstrahl sind gut. Lediglich in einem Umkreis von etwa 700 m um den Gaskessel und unterhalb einer Flughöhe von 200 m sind (innerhalb der Seitenkennung) leichte Schwebungen wahrnehmbar (5/sec), die bei Annäherung an den Gaskessel in ihrer Amplitude zunehmen und somit praktisch ein Warnsignal darstellen. Der Bereich um den Gaskessel ist in Abb. 10 durch Schraffung gekennzeichnet.

Die vorbeschriebenen Erfahrungen ließen es geraten erscheinen, auf dem in den Jahren 1936/37 entstandenen Flughafen Rhein-Main bei Frankfurt a. Main den Einfluß der Luftschiffhalle vor endgültiger Entscheidung des Standortes für den Ansteuerungssender zu untersuchen. Der Standort war zunächst auf der der Bodenpeilstelle gegenüberliegenden Seite festgelegt (Abb. 14).

Die Flugversuche und Messungen, die von der Funkversuchsstelle für Zivilluftfahrt durchgeführt wurden, ergaben gleichfalls Strahlspaltungen, die einen Anflug nach dem Ansteuerungssender nicht zuließen. Zusammenfassend ergab sich:

Standort I:

In dem durch Schraffung gekennzeichneten Gebiet *St I* traten starke Lautstärkeschwankungen auf. Außerdem ließen sich Schwebungen nachweisen (Wimmern des Tones). Diese Störungen wurden durch Reflexion der Strahlung an der nördlichen Hallenwand erklärt. Außerhalb dieses Störungsbereiches war der Leitstrahl störungsfrei, nur in unmittelbarer Nähe der Halle wurden am Nordosttor stehende Wellen beobachtet, sowie eine starke Schattenwirkung der Halle. Eine gewisse optische Gesetzmäßigkeit der Reflexion ist hierbei auffallend.

Standort II:

Bei der Wahl wurde von der Überlegung ausgegangen, die Richtung der reflektierten Energie so zu legen, daß eine Überlagerung mit der in der Leitstrahlrichtung direkt gestrahlten Energie nicht eintrat. Die Größe des Rollfeldes, die vorherrschende Windrichtung und das Anfluggelände auf beiden Seiten gestatteten eine Leitstrahlrichtung von 85° rw.

Zunächst wurde nur ein Störgebiet westlich vom Rollfeld beobachtet, das nur leichte Schwebungen aufwies und betrieblich brauchbar war. Nach Einbau des Nordosttores der Halle ergab sich ein weiteres erhebliches Störgebiet, zugleich wurden die Versuche mit einem Sender größerer Leistung durchgeführt.

Es ergab sich, daß der Leitstrahl auf der Westseite auf eine Entfernung bis zu 10 km völlig gestört war. Die Störungen nahmen sogar mit der Entfernung zu. Der Leitstrahl war eindeutig mehrfach aufgespalten. Auf der Ostseite war praktisch überhaupt kein

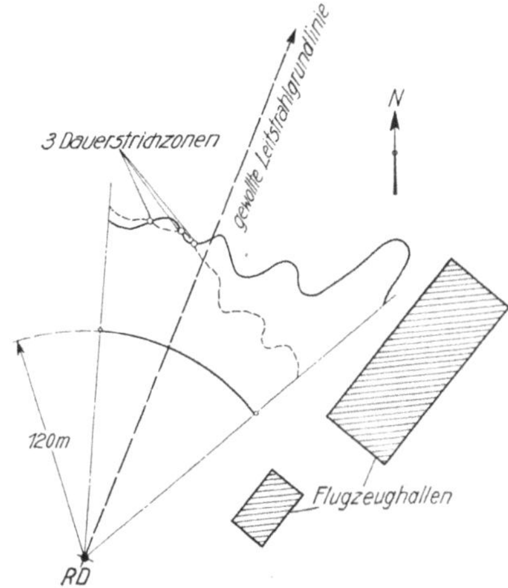

Abb. 11. Feldstärkekurven (Leitstrahlstörung) Flughafen B.
(Nach Unterlagen der Fa. C. Lorenz A.-G.)

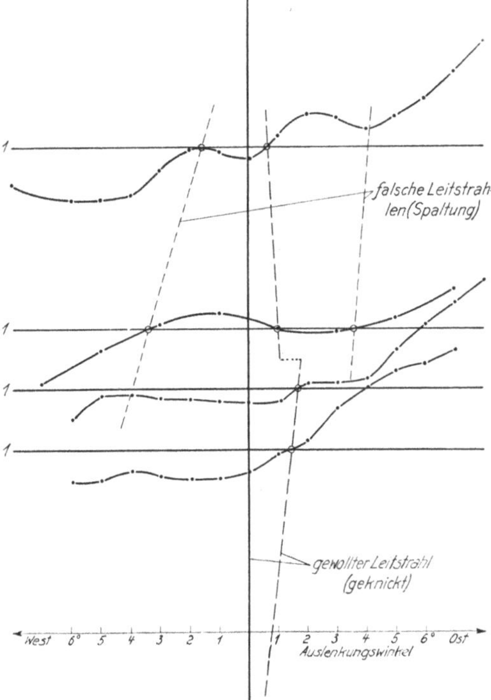

Abb. 12. Feldstärkenverhältnisse bei gestörter Abstrahlung
(Reflexionseinflüsse).

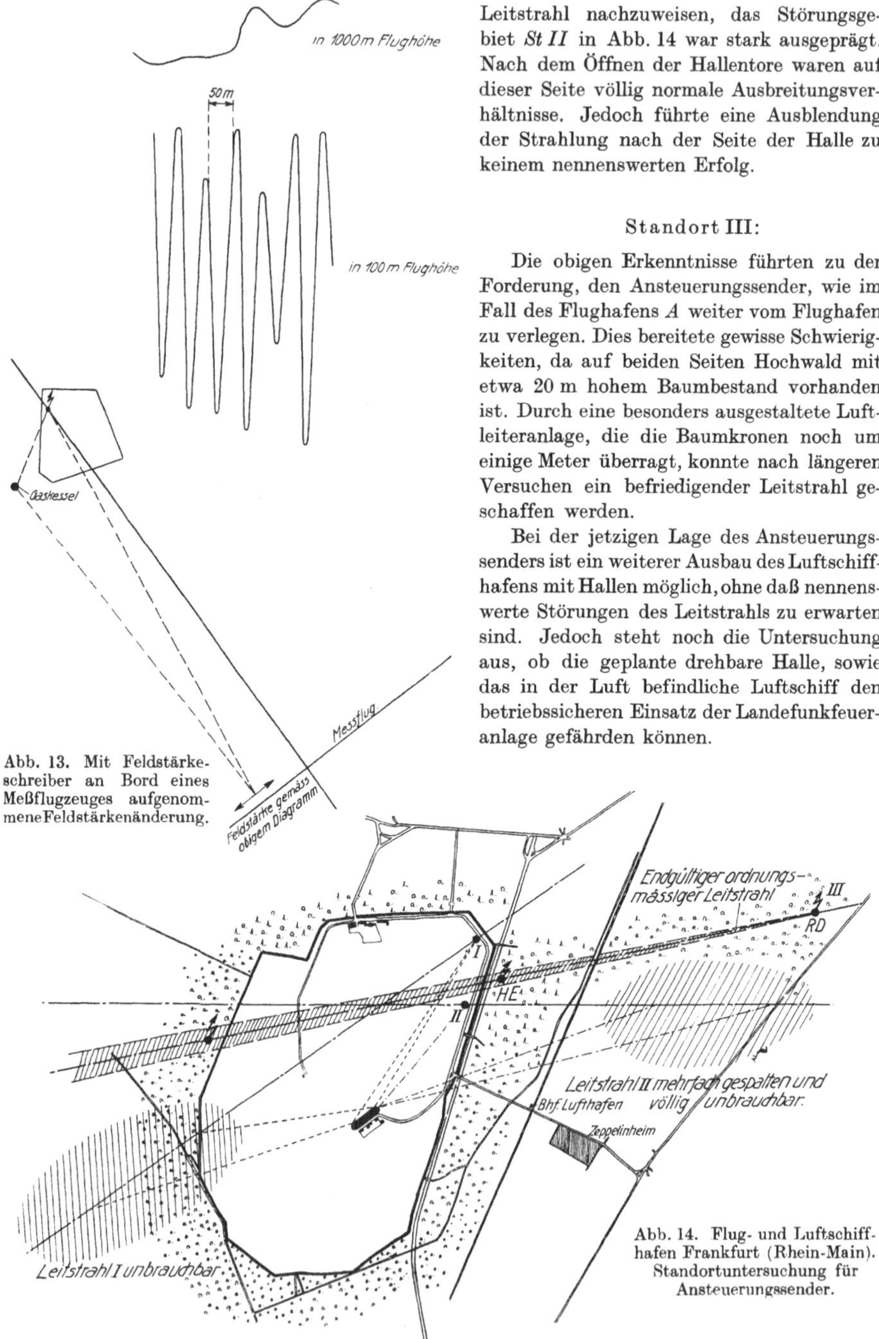

Abb. 13. Mit Feldstärkeschreiber an Bord eines Meßflugzeuges aufgenommene Feldstärkenänderung.

Abb. 14. Flug- und Luftschiffhafen Frankfurt (Rhein-Main). Standortuntersuchung für Ansteuerungssender.

Leitstrahl nachzuweisen, das Störungsgebiet *St II* in Abb. 14 war stark ausgeprägt. Nach dem Öffnen der Hallentore waren auf dieser Seite völlig normale Ausbreitungsverhältnisse. Jedoch führte eine Ausblendung der Strahlung nach der Seite der Halle zu keinem nennenswerten Erfolg.

Standort III:

Die obigen Erkenntnisse führten zu der Forderung, den Ansteuerungssender, wie im Fall des Flughafens *A* weiter vom Flughafen zu verlegen. Dies bereitete gewisse Schwierigkeiten, da auf beiden Seiten Hochwald mit etwa 20 m hohem Baumbestand vorhanden ist. Durch eine besonders ausgestaltete Luftleiteranlage, die die Baumkronen noch um einige Meter überragt, konnte nach längeren Versuchen ein befriedigender Leitstrahl geschaffen werden.

Bei der jetzigen Lage des Ansteuerungssenders ist ein weiterer Ausbau des Luftschiffhafens mit Hallen möglich, ohne daß nennenswerte Störungen des Leitstrahls zu erwarten sind. Jedoch steht noch die Untersuchung aus, ob die geplante drehbare Halle, sowie das in der Luft befindliche Luftschiff den betriebssicheren Einsatz der Landefunkfeueranlage gefährden können.

b) Einfluß des Erdbodens.

Die im Flugzeug zu empfangende Feldstärke hängt nach der Theorie der Wellenausbreitung nicht nur von dem auf dem direkten Wege vom Sender zum Empfänger gelangenden Strahlungsanteil ab, sondern auch von dem indirekten, der, wie es Abb. 15 zeigt, am Erdboden reflektiert wird.

Beide Strahlungsanteile setzen sich am jeweiligen Empfangsort nach Amplitude und Phase zusammen. Für das Zustandekommen eines einwandfreien Leitstrahls ist erforderlich, daß innerhalb eines bestimmten Bereiches die Erdbodeneigenschaften (ε und σ) in einem solchen Umfang konstant sind, daß die reflektierte Welle in Amplitude und Phase zeitlich und örtlich konstant bleibt. Die Größe der Richtdiagramme ist sonst

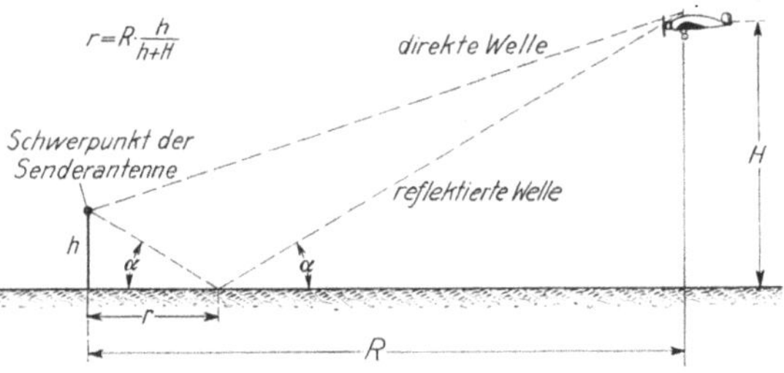

Abb. 15. Ermittlung des Reflexionskreisradius.

Schwankungen unterworfen, und es treten Wanderungen des Leitstrahls auf bzw. eine Verlagerung des Leitstrahls mit zunehmender Höhe. Der Bereich r, in dem der Reflexionspunkt in Abhängigkeit von Flughöhe H und Entfernung R liegt, kann nach der Beziehung

$$r = R \cdot \frac{h}{H + h} \tag{10}$$

errechnet werden. Hierin bedeutet h die Höhe des Senderdipols über Erde, die für die in Abb. 16 dargestellte Kurvenschar mit 5 m über Grund angenommen wurde. Der Bereich ist, worauf Hahnemann zuerst aufmerksam gemacht hat, bei den an Landefunkfeueranlagen vorliegenden Verhältnissen maximal nur etwa 400—500 m groß. Für den Grenzfall einer Flughöhe von 200 m in 20 km Entfernung vom Sender ist der Reflexionskreisradius r = 500 m. Bei der Abstrahlung seitwärts zur Grundlinie ist der Einfluß der Erdbodeneigenschaften gegenüber dem Störungseinfluß durch Reflexion an Hochbauten usw. stets zu vernachlässigen. Die Bedeutung der Erdbodeneigenschaften für die gleichmäßige Abstrahlung des Senders ist insofern von Bedeutung als mitunter die Forderung auftritt, einen Ansteuerungssender auf einem neuen Rollfeldteil oder am Rande eines solchen aufzustellen, das zur Anpassung an das übrige Rollfeldniveau aufgeschüttet worden ist. In einem solchen Fall zeigt der Erdboden gegenüber

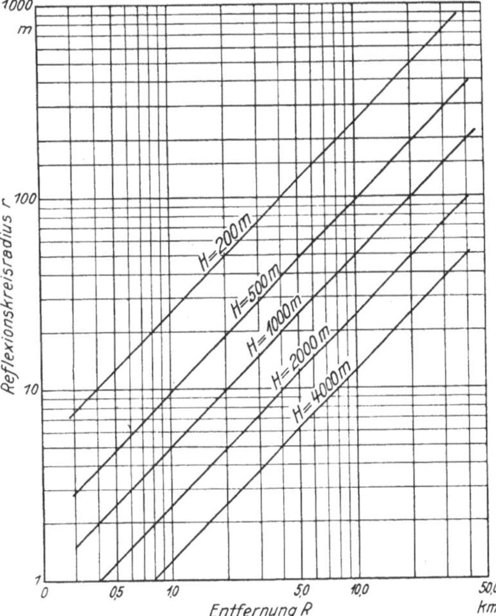

Abb. 16. Reflexionskreisradius in Abhängigkeit von Höhe H und Entfernung R des Empfängers (Höhe der Senderantenne über Grund 5 m).

gewachsenen eine merkliche Abhängigkeit vom Grundwasserspiegel bzw. der Erdbodenfeuchtigkeit und kann Leitstrahlstörungen hervorrufen. Gleichermaßen kann das Vorhandensein von befestigten Landebahnen (z. B. Eisenbeton) auf einem Rollfeld Leitstrahlstörungen durch die unterschiedliche Reflexion hervorrufen.

Es ist jedoch möglich, einen bestimmten Teil der am Boden reflektierten Welle auszublenden,

z. B. nach einem Vorschlag von H. Giesecke, Funkversuchsstelle für Zivilluftfahrt, durch gut leitende, niedrige, in geeigneten Abständen vom Sender aufgestellte Drahtzäune, wodurch man in gewissem Umfang die beschriebenen Störungseinflüsse ausschalten kann.

Aus den gegebenen Beispielen läßt sich also eine grundlegende Forderung der Flugsicherungstechnik für den Ausbau eines Flughafens, der mit einer Landefunkfeueranlage ausgerüstet werden soll, ableiten, daß bei der Planung der Gesamtanlage in erster Linie von der Aufstellungsmöglichkeit des Ansteuerungssenders ausgegangen werden muß. Auf eine umfassende Untersuchung der Verhältnisse kann dabei im allgemeinen nicht verzichtet werden. Leider ist die Untersuchung der Störungsmöglichkeiten durch Reflexionsverhältnisse an Bauten einer rein rechnerischen Behandlung wegen ihrer Vielgestaltigkeit schwer zugänglich. Auf Grund von Beobachtungen an einem Langwellenrichtfunkfeuer haben Yonezawa und Hiraoka[1] unter vereinfachenden Annahmen das Problem der gestörten dreidimensionalen Wellenausbreitung in das Problem einer einfachen Reflexion in einer Ebene überführt und das Auftreten von Strahlspaltungen usw. rechnerisch verfolgt. Die Störungsursachen bei der Ausbreitung von Ultrakurzwellen sind jedoch unübersichtlicher, da die Möglichkeit der Resonanzbildung wegen der nur geringen notwendigen Längenausdehnung der schwingungsfähigen Gebilde groß ist und sehr vielseitig sich auswirken kann. Den Zusammenhang zeigt folgende Überlegung:

Das Vertikalstrahlungsdiagramm der Luftleiteranlage hat unter kleinem Erhebungswinkel die bekannte Form der auf Null einziehenden Feldstärke. Es sagt aus, daß die Feldstärke bei Entfernung vom Aufstellungsort abnimmt. In einem Abstand von 10 km vom Sender und einer Flughöhe von 100 m herrscht eine Feldstärke, die durch den Radiusvektor mit einem Erhebungswinkel von weniger als $0{,}6°$ im Vertikalstrahlungsdiagramm gekennzeichnet ist. Sie besitzt also gegenüber der Strahlung unter größeren Erhebungswinkeln nur einen sehr geringen Wert. Wird ein seitwärts zur beabsichtigten Grundlinie liegender Resonator von der Strahlung erregt, so kann, selbst wenn erst Störfeldstärken von mehr als $1/_{50}$ der Nutzfeldstärke störend wirken, eine nicht vernachlässigbare Beeinflussung eines ordnungsgemäßen Leitstrahls eintreten, weil

aa) der störende Reflektor von einem wesentlich größeren Energieanteil (größerer Erhebungswinkel) getroffen wird ($3°$ sind z. B. bei 500 m Entfernung nur 25 m Höhe, entsprechen also der praktisch immerhin vorkommenden Höhe von Baulichkeiten auf dem Flughafen wie Betriebsgebäuden, Hallen usw.),

bb) die seitwärtige Strahlung (vgl. auch Abb. 5) an sich größer ist als in der Hauptrichtung und

cc) die erregten Störstrahler häufig höher liegen und damit einem erhöhten Dipol, der eine größere Reichweite hat, entsprechen. Hinzukommt, daß die Feldstärkenabstrahlung bei einem vertikalen Leiter größerer Ausdehnung (Gaskessel usw.) auch noch einer Bündelung zugunsten der Abstrahlung unter flachen Winkeln unterliegt, wenn er in einer Harmonischen der Grundwelle erregt wird. Es können also bei störenden Reflektoren bis zu Entfernungen von 10 km und mehr Leitstrahlbeeinflussungen für alle praktisch vorkommenden Flughöhen auftreten.

Die Erfahrungen der Praxis haben jedoch gezeigt, daß, wenn die Abstrahlung der Luftleiteranlage über einem Erhebungswinkel von mehr als 1 bis höchstens $1{,}5°$ keine elektrisch leitenden Massen oder Flächen trifft, im allgemeinen nicht mit einer Störung des Leitstrahls gerechnet zu werden braucht. Diese Forderung, die für den Umfang von $360°$ zu stellen ist, muß also für die Aufstellung des Ansteuerungssenders erfüllt sein. In Zweifelsfällen muß der gewählte Standort mittels einer beweglichen Versuchsanlage vorvermessen werden.

In der Hauptstrahlrichtung ist ferner mit Rücksicht auf den Bereich der reflektierten Welle am Erdboden völlige Hindernisfreiheit in einem Bereich von mindestens 400 m zu verlangen. An die elektrischen Eigenschaften (Homogenität) des Erdbodens sind in diesem Bereich besonders hohe Anforderungen zu stellen. Sofern ein Ansteuerungssender am Rande des Rollfeldes aufgestellt wird, sind diese Forderungen für die Fläche auf dem Rollfeld wohl meist erfüllt. Für die dem Rollfeld abgekehrte Fläche sind die topographischen und geologischen Verhältnisse unter dem Gesichtspunkt ungestörter Wellenausbreitung bzw. Reflexion jeweils zu untersuchen.

---

[1] Yonezawa und Hiraoka: „Multiple courses of an aeronautical radio range beacon and the causes of this phenomenon. Nippon Electr. Communic. Engng. 1938, S. 467.

Bei den oben beschriebenen Störungsfällen (Flughafen *A* und Flughafen Rhein-Main) wurde es auf Grund unabänderlicher Verhältnisse der bestehenden Flughafenanlagen notwendig, den Ansteuerungssender in größerer Entfernung vom Rollfeld aufzustellen. Hierbei wurde es erforderlich, den Öffnungswinkel des Dauerstrichs durch schärfere Bündelung kleiner zu halten, damit auf dem Rollfeld und im Anflugvorgelände auf der anderen Seite des Rollfeldes bezüglich der Breite des Dauerstrichbereichs und des hindernisfreien Anfluges etwa die gleichen Verhältnisse vorliegen wie bei der Aufstellung des Senders dicht am Rollfeld. Als Bezugswert gilt hierfür eine Breite von etwa 75 m in der Mitte des Rollfeldes, was sich aus dem Normalfall ergibt. Der funktionsmäßige Zusammenhang für Breiten von 75 und 100 m ist in Abb. 17 wiedergegeben. Es liegt nun nahe, den Standort des Ansteuerungssenders grundsätzlich weiter außerhalb des Rollfeldes zu wählen, weil dadurch der Einfluß von Baulichkeiten der Rollfeldumrandung usw. ausgeschaltet werden kann. Dem stehen jedoch praktisch folgende Gründe entgegen:

1. Es bereitet Schwierigkeiten, einem Aufstellungort in größerer Entfernung vom Rollfeld den notwendigen Schutzbereich für die Abstrahlung zu geben, wie er bei Aufstellung in Flughafennähe durch die heutigen gesetzlichen Maßnahmen hinreichend gewährleistet ist (vgl. Abb. 43).

2. Durch die Aufstellung in größerer Entfernung wird der Unsicherheitsbereich für die Überfliegung des Ansteuerungssenders infolge der schärferen Bündelung wesentlich größer, so daß für große Verkehrsflughäfen zur Sicherstellung eines einwandfreien Blindanfluges von zwei Richtungen die Aufstellung eines zweiten Ansteuerungssenders zu fordern ist.

3. Die Landefunkfeueranlage soll grundsätzlich mit ihrer Stromversorgung an die Notstromversorgung des Flughafens angeschlossen sein, weshalb eine unmittelbare Speisung aus dem Flughafennetz erfolgen muß und größere Entfernungen einen entsprechenden

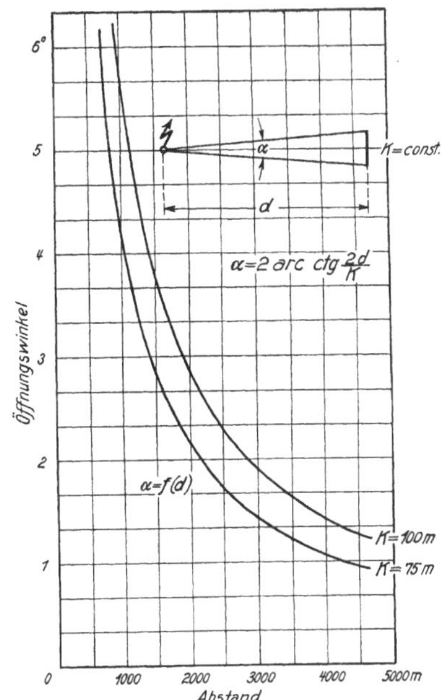

Abb. 17. Öffnungswinkel des Dauerstrichsektors in Abhängigkeit von der Entfernung des Ansteuerungsfunkfeuersenders vom Rollfeldbezugspunkt.

Aufwand von Speiseleitungen (Kabel) erforderlich machen. Bei Aufstellung eines zweiten Ansteuerungssenders werden die Investitionen der Bodenorganisation in erheblichem Maße erhöht.

D. Schlußfolgerungen.

Die Aufgaben der Horizontalnavigation beim Blindanflug eines Flughafens lassen sich mit Hilfe der Ultrakurzwellenlandefunkfeueranlage in jeder Hinsicht zufriedenstellend lösen. Die durch sie gegebene Sicherheit für den Bewegungsvorgang in der Horizontalen übertrifft alle Verfahren, die keinen Leitstrahl im Raum festlegen, erheblich. Die Anlage ist einer künftigen Entwicklung des Luftverkehrs (größere Fluggeschwindigkeit, größere Flugzeugmuster) ohne zur Zeit erkennbare Einschränkung gewachsen.

Zum betriebssicheren Einsatz werden der Flughafengestaltung Auflagen gemacht, die sich durch entsprechende Disposition der gesamten Flughafenanlage ohne besonderen Aufwand befriedigen lassen. An das Gelände, auf dem der Ansteuerungssender aufgestellt wird, sind im Umkreis von etwa 400 m bestimmte Ansprüche in bezug auf die Homogenität des Erdbodens zu stellen. Die Wellenabstrahlung des Ansteuerungssenders verlangt zum Zustandekommen eines ungestörten Leitstrahls Hindernisfreiheit unter einem Erhebungswinkel von weniger als 1,5° (gemessen vom Fußpunkt des Luftleiters aus), was entsprechende Wahl des Aufstellungsortes im Rahmen der gesamten

Schlechtwetterlandebahn einerseits und eine bestimmte Einschränkung der Höhe von Hochbauten auf und in der Nähe des Rollfeldes andererseits verlangt. Die Forderung der Höhenbeschränkung von Bauten ergibt sich auch im allgemeinen im Interesse der fliegerischen Sicherheit.

2. Die Vertikalnavigation beim Schlechtwetteranflug.

Wir wenden uns im folgenden Abschnitt den Aufgaben zu, die ein Flugzeug, das sich im Anflug eines Flughafens zur Landung befindet, bezüglich der Bewegungsvorgänge in der Senkrechten zu bewältigen hat.

Auffälligerweise sind die meisten der dem blind fliegenden Flugzeug zur Verfügung stehenden Bordinstrumente und navigatorischen Hilfsmittel auf eine möglichst genaue Einhaltung und Überwachung des Flugzustandes in der Horizontalen, d. i. die Bewegung um Längs- und Hochachse, abgestimmt (Kompaß, Kurskreisel, Wendezeiger, Libelle, künstl. Horizont, Anzeigegeräte für Navigation nach Eigenpeilung, z. B. Radio-Kompaß usw.), während für die Einhaltung und Überwachung des Flugzustandes in der Vertikalen (Bewegung um die Querachse) weniger und im Verhältnis auch weniger genaue Instrumente zur Verfügung stehen (Barometrischer Höhenmesser, Variometer, künstl. Horizont). Diese Tatsache, der im einzelnen hier nicht weiter nachgegangen werden kann, macht sich natürlich sofort unangenehm bemerkbar, sobald, wie es beim Anschweben zur Landung und bei der Landung selbst unter verminderten Sichtverhältnissen der Fall ist, besonders hohe Anforderungen an die Genauigkeit der Flugbewegung in der Senkrechten gestellt werden. Hier liegt für die Geräteentwicklung der Bordausrüstung noch ein weites Feld vor. Ein Fortschritt durch Maßnahmen der Bodenorganisation ist dabei erst in zweiter Linie zu erwarten.

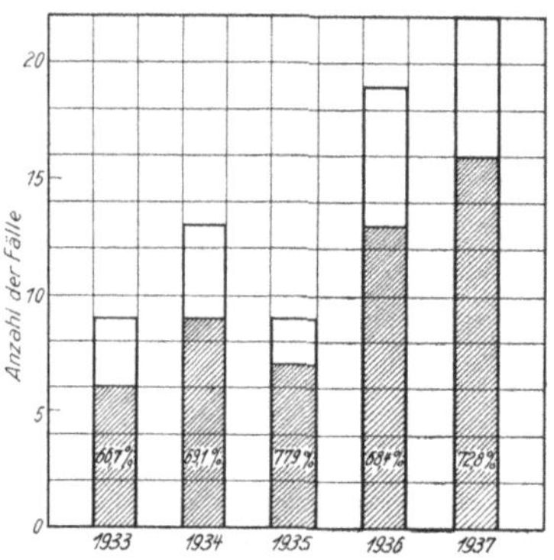

Abb. 18. Flugzeugschäden bei Schlechtwetterlagen (DLH.).

Daß der Entwicklung der Hilfsmittel für die vertikale Navigation in Zukunft noch eine große Bedeutung zukommt, geht aus der Unfallstatistik des Luftverkehrs der letzten Jahre hervor, die unter dem Gesichtspunkt des Einflusses der Schlechtwetterlagen im Zusammenhang mit der Vertikalnavigation aufgestellt ist (Abb. 18). Es sind alle Schadensfälle erfaßt, die sich ausschließlich auf schlechte Wetterlagen zurückführen lassen, wobei alle Schäden gezählt sind, die sich vom Start bis zur völligen Beendigung eines Schlechtwetterfluges einschließlich Ausrollen nach der Landung bei mangelhafter Sicht ereignet haben. Aus der Abbildung ist ferner ersichtlich, wieviel von den Schadensfällen auf eine unvollkommene Vertikalnavigation zurückzuführen sind. Dies sind die Fälle, die voraussichtlich vermeidbar waren, wenn der Flugzeugführer in der Lage gewesen wäre, seinen jeweiligen Abstand vom Erdboden bzw. seine Annäherung zu erkennen. Der prozentuale Anteil ist in den Jahren 1933 bis 1937 praktisch konstant und beträgt etwa 70%.

A. Der Landevorgang.
a) Landung nach Einflugzeichen.

Bereits bei Landungen nach dem ZZ-Verfahren hatte sich ein gewisses Schema für die Vertikalnavigation herausgebildet. Für jeden Flughafen sind Höhenwerte (qfm) über Platz festgelegt worden, die für den ersten und zweiten Teil des Anfluges (nach der Kurve zum ZZ-Anflug) unterschiedlich gestaffelt sind [1]. Diese Höhenwerte ergeben sich aus der topographischen Beschaffenheit des

---

[1] FBO, Anh. XVI Anflugsektorkarten. Für Breslau sind z. B. die Werte angegeben:
QFM für QDM 100° : 150/120 m
        QDM 280° : 200/150 m
d. h. für einen Anflugkurs von 100° mw sind in den ersten 3 Minuten 150, den letzten 4 Minuten 120 m Flughöhe, bezogen auf den Rollfeldmittelpunkt, einzuhalten.

Vorgeländes einschl. eines Sicherheitszuschlages von 50 m wegen der Ungenauigkeit des barometrischen Höhenmessers (vgl. den Abschnitt: Der barometrische Höhenmesser). Die Vertikalnavigation beim Ansetzen zum Landevorgang (MO) und beim Durchstoßen (ZZ) der Wolkendecke bleibt jedoch dem Ermessen und der Geschicklichkeit des Flugzeugführers überlassen. Bei Vorhandensein einer Landefunkfeueranlage tritt insoweit eine Verbesserung ein, als durch die Einflugzeichen, deren Abstände von der Rollfeldgrenze (Abb. 4) bei allen Flughäfen die gleichen sind und die beim Durchfliegen ihres Strahlungsfeldes dem Flugzeugführer eine eindeutige Abstandskennung vom Flughafen angeben, eine weitere Höhenfestsetzung möglich ist. Für Vor- und Haupteinflugzeichen (VE und HE) sind auf jedem Flughafen und für jede Landerichtung weitere Höhenwerte festgesetzt worden[1]. Diese Maßnahmen können aber für eine sichere Vertikalnavigation, insbesondere bei der Durchführung von Blindlandungen, nicht als ausreichende Hilfsmittel angesehen werden.

b) Landung nach dem „Gleitweg"verfahren.

Verständlicherweise hat man daher schon seit langem versucht, die Vorteile, die mit der Landefunkfeueranlage durch Festlegung eines Leitstrahls im Raum für die Bewegungsbegrenzung in der

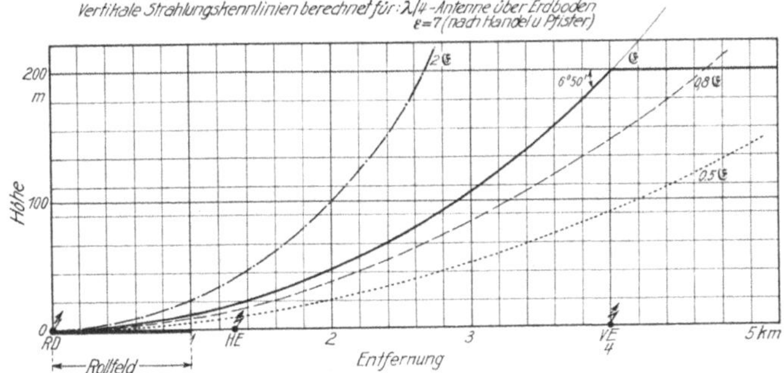

Abb. 19. Darstellung des Gleitwegs unter Benutzung einer Linie konstanter Feldstärke.

Waagerechten sich bieten, auch für eine Bewegungsbegrenzung in der Senkrechten sich nutzbar zu machen, um von der Ungenauigkeit der Anzeigeinstrumente der Vertikalnavigation unabhängig zu werden. Auf alle im Fachschrifttum bekannt gewordenen Lösungsvorschläge kann hier wie bei der Horizontalnavigation nicht eingegangen werden, die Darstellung muß auf den in Deutschland beschrittenen Weg beschränkt bleiben[2]. Der älteste Vorschlag stammt wohl von Diamond und Dunmore[3], dem in USA. eine Reihe weiterer Lösungsvorschläge gefolgt sind.

Die bisherigen Lösungsansätze gehen von dem Gedanken aus[4], die Eigenschaften des Vertikalstrahlungsdiagramms des üblichen Ansteuerungssenders für eine Bewegungsbegrenzung in der Senkrechten zu benutzen (Gleitweg), wobei als Ziel gilt, die Bewegung bei der Landung bis zum Aufsetzen des Flugzeuges auf dem Rollfeld im Raum festzulegen.

Auf Grund von Rechnung und Messung ist bekannt, daß das vertikale Strahlungsdiagramm von Ultrakurzwellenantennen unter kleinen Erhebungswinkeln die in Abb. 19 gezeichnete auf Null einziehende Form hat[5].

---

[1] FBO, Anh. XVI Verzeichnis der Anflugsektorkarten: z. B.

	VE	HE	
Breslau für QDM 100°	120 m	60 m	Mindestanflughöhe.
QDM 280°	150 m	100 m	„

[2] Jung-Zaeper und Kramar: Ein neuer Weg für Gleitwegbaken. Luftwissen Nr. 1 S. 92, 1934.
[3] Diamond und Dunmore: a. a. O.
[4] v. Handel: Die Blindlandung mit Hilfe elektrischer Verfahren. Luftwissen Nr. 1 S. 186, Berlin 1934.
[5] v. Handel und Pfister: Über die Strahlungskennlinien und die Ausbreitung ultrakurzer Wellen. Luftfahrtforschung, DVL-Berichte 35/04.

Für eine bestimmte Entfernung vom Sender ist die Feldstärke ganz allgemein abhängig vom Erhebungswinkel φ:

$$\mathfrak{E}_R = f(\varphi) \tag{11}$$

Unter Zugrundelegung einer Feldstärkenabnahme proportional mit der Entfernung vom Sender gilt also für die Feldstärke $\mathfrak{E}$ längs eines bestimmten Radiusvektors R

$$\mathfrak{E} = \frac{\mathfrak{E}_R}{R} = \frac{f(\varphi)}{R} \tag{12}$$

so daß man (v. Handel) den Ort konstanter Feldstärken in der Vertikalen ausdrücken kann durch

$$R = \frac{f(\varphi)}{\mathfrak{E}} = \text{const.}\, f(\varphi) \tag{13}$$

Dies heißt, daß die Funktion des Erhebungswinkels $f(\varphi)$ sich nun durch einen Maßstabsfaktor von der allgemeinen Funktion des Strahlungsdiagramms unterscheidet. Die Linie konstanter Feldstärke ist also von der gleichen Form wie das Vertikalstrahlungsdiagramm, das man auf Grund theoretischer Überlegungen und Messungen und unter Berücksichtigung der Erdbodeneigenschaften recht genau berechnen und darstellen kann[1]. Es ergeben sich also für Ansteuerungssender (insonderheit bei vertikaler elektrischer Polarisation) Linien gleicher Feldstärke, wie sie in Abb. 19 dargestellt sind, die zur Durchführung einer Vertikalnavigation zur Verfügung stehen.

Um von einem grundsätzlichen Erfordernis bei einem Gleitwegverfahren, nämlich der Notwendigkeit, einen Empfänger absoluter Empfindlichkeit zu benutzen und die Abstrahlung des Senders völlig konstant zu halten, hinreichend freizukommen, geht nach Kramar der Landevorgang entlang einer Linie konstanter Feldstärke folgendermaßen vor sich. Das in einer geeigneten Flughöhe, z. B. 200 m über Platz anfliegende Flugzeug erreicht beim Voreinflugzeichen die richtige Gleitweglinie, der Bordempfänger wird in diesem Augenblick — nach Ausschaltung der automatischen Regelung — auf die vorhandene Feldstärke $\mathfrak{E}$ geeicht. Der Ausschlag der Intensitätsanzeige ist die Marke, nach der nunmehr geflogen werden muß und die angibt, ob sich das Flugzeug oberhalb oder unterhalb der Gleitweglinie befindet.

Es hat sich aber in der Praxis ergeben, daß ein Gleitweg nach diesem Verfahren nicht brauchbar ist und zwar aus folgenden Gründen:

1. Ein Gleiten mit ständig veränderlicher Sinkgeschwindigkeit ist, abgesehen vom Fehlen eines geeigneten Sinkgeschwindigkeitsmessers — die Trägheit des Variometers (Anzeigeverzögerung) beträgt bei den üblichen Ausführungen bis zu 10 s — grundsätzlich fliegerisch sehr schwer zu erreichen und auch in Zukunft bei Verwendung einer selbsttätigen Dreiachsensteuerung ungünstig.

2. Jeder Flugzeugtyp hat einen eigenen (maximal zulässigen) Gleitwinkel, so daß ein einheitlicher Ansatz des Gleitens aus der gleichen Höhe beim Voreinflugzeichen für alle Flugzeugtypen nicht ohne weiteres möglich ist.

3. Die beim Voreinflugzeichen in mittlerer Höhe sich ergebenden Feldstärkenlinien, die einen fliegerisch noch brauchbaren Übergangswinkel vom Flug in der Horizontalen zum Gleitweg bilden, kommen schon weit vor dem Aufsetzpunkt dem Erdboden recht nahe, so daß an die Hindernisfreiheit des Rollfeldvorgeländes ganz erhebliche Anforderungen gestellt werden. Dies läßt sich auch durch den Vorschlag (Hahnemann[2]) nicht völlig überwinden, nach dem nicht auf einer Linie gleicher Feldstärke, sondern durch eine der Empfangsapparatur charakteristische, festgelegte Empfindlichkeitsänderung z. B. von 0,8 $\mathfrak{E}$ bis 2 $\mathfrak{E}$ auf einem zunächst flacheren, später steileren Gleitweg gelandet werden soll.

4. Allen Landeverfahren mit gekrümmten Strahlungskennlinien haftet eine Eigenschaft an, die im grundsätzlichen Widerspruch zum üblichen Landevorgang eines Flugzeugs steht, nämlich bei möglichst geringster Horizontalgeschwindigkeit (Landegeschwindigkeit) stabile Horizontalführung und geringste Sinkgeschwindigkeit zu halten. Eine solche Landung ist nur mit gewissem motorischen Antrieb (Motorlandung) auszuführen und erfordert daher sehr große Auslaufwege, so daß die bisherigen Rollfelder in der Hauptlanderichtung erheblich vergrößert werden müßten. Außerdem

---

[1] v. Handel und Pfister: a. a. O.
[2] Kramar: Ein Beitrag zur Gleitwegblindlandung von Flugzeugen. ENT Nr. 10 S. 451, 1933.

bringt eine Landung mit großer Horizontalgeschwindigkeit bei der derzeitigen Konstruktion der Flugzeuge Gefahren mit sich.

Aus dieser Tatsache läßt sich erkennen, daß ein Gleitwegverfahren grundsätzlich nur dann erfolgreich sein wird, wenn der Landevorgang etwa in der Form verläuft, wie sie Abb. 20 wiedergibt. Das in konstanter Höhe anfliegende Flugzeug geht beim Überfliegen des Voreinflugzeichens in einen Gleitweg über, auf dem es mit konstanter Sinkgeschwindigkeit an Höhe verliert. Der Übergangsbereich vom Horizontalflug zum Sinken ist durch die räumliche Ausdehnung des Bereichs, in dem das Vorsignal empfangen werden kann, groß genug (in 200 m Flughöhe 6—8 s), um den Flugzustand des Sinkens mit Sicherheit herbeizuführen. Die Annäherung an den Boden ergibt sich zunächst aus dem Überfliegen des Haupteinflugzeichens. Diese Anzeige reicht aber nicht allein aus. Es muß zusätzlich ein geeigneter Feinhöhenmesser zur Verfügung stehen, der die Annäherung an den Boden genau genug erkennen läßt. Alsdann kann unter gewissen Voraussetzungen an die Eigenschaften des Flugzeugs der Übergangsbereich zur Landung genügend klein gehalten werden, um eine ausreichende Ausrollstrecke zu behalten. Hierbei ist ferner Voraussetzung, was bei fast allen bisher be-

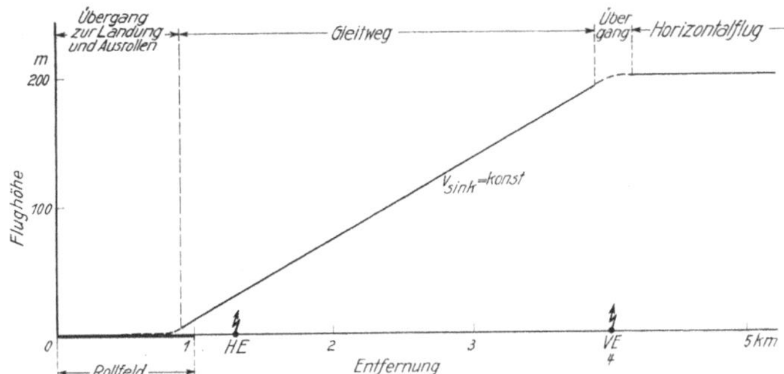

Abb. 20. Darstellung des Gleitweges mit konstanter Sinkgeschwindigkeit.

kanntgewordenen Vorschlägen nicht hinreichend erfüllt wurde, daß nur ein Gleitwegverfahren in Frage kommen kann, bei dem die Linie konstanter Feldstärke gradlinig bis zum Boden führt und einen für den Landvorgang geeigneten, stets reproduzierbaren Aufsetzpunkt liefert.

Es kann angenommen werden, daß ein vorbeschriebener gradliniger Gleitweg in Zukunft geschaffen wird. Ein deutscher Vorschlag[1] z. B. beruht auf dem Gedanken, das Strahlungsdiagramm des Ansteuerungssenders durch das Strahlungsdiagramm eines zweiten seitlich außerhalb der Grundlinie aufgestellten Gleitwegsenders, das in der Horizontalen durch entsprechende Schwächung bzw. Stärkung in den verschiedenen Richtungen geeignet geformt ist, so zum Schnitt zu bringen, daß zwischen dem Voreinflugzeichen, bei dem sich das Flugzeug auf den Gleitwegsender aufschaltet, bis zum Aufsetzpunkt eine gerade Linie gleicher Feldstärke entsteht.

Zur nutzbringenden Anwendung dieses Verfahrens muß aber von seiten des Flughafenbaus bereits jetzt die Bedingung gestellt werden, daß für das Zustandekommen der erforderlichen Strahlungsdiagramme und damit des Gleitwegs keine größeren Anforderungen an die topographischen und physikalischen Verhältnisse auf dem Flughafen und im Flughafennahbereich gestellt werden, als sie bereits für den Ansteuerungssender zur Horizontalnavigation üblich geworden sind.

Zur Erläuterung der für Blindlandungen erforderlichen Flugeigenschaften neuzeitlicher Flugzeuge wird notwendig, an dieser Stelle eine Betrachtung über den Landevorgang an sich einzufügen. Der normale Landevorgang (bei Sicht) geht folgendermaßen vor sich: Bereits in größerer

---

[1] DRPa. L 94934/VIII a/21 a 4 vom 7. Juni 1938 und Kramar: Zum Thema: Gleitweglandung. Interavia Nr. 266, August 1939.

Höhe wird der motorische Vortrieb des Flugzeugs auf Leerlauf gedrosselt, das Flugzeug mit einer gewissen Neigung gegen die Horizontale zum Gleiten gebracht, wobei in Annäherung an den Boden dieser Neigungswinkel immer kleiner gehalten wird. In unmittelbarer Bodennähe wird das Flugzeug durch Aufziehen (Abfangen) in eine Bewegung mit großem Anstellwinkel bei möglichst geringer Horizontalgeschwindigkeit überführt (überzogener Zustand). Der Flugzustand ist beim Aufsetzen bereits kaum noch stabil und liefert, wenn das Abfangen in der richtigen Höhe erfolgt, einen sanften Landungsstoß. Ein solcher Steuervorgang ist aber bei einer Instrumentenlandung außerordentlich erschwert, da eine Veränderung des Gleitwinkels unerwünscht ist, der Übergangszustand vom Gleiten zum Ausschweben zu groß wird und außerdem das Erkennen des geeigneten Zeitpunkts für das Abfangen, selbst bei Vorhandensein eines geeigneten Höhenmessers, mehr Schwierigkeiten macht als bei Sicht.

Für den Landevorgang mit ausschließlicher Instrumentennavigation ist daher, worauf z. B. Stüssel aufmerksam gemacht hat[1], eine Flugzeugführung erforderlich, die ohne plötzliche Änderung der Flugbahn und der Flugzeuglängsachse mit gleichbleibender und am Ende des Gleitwegs verringerter Sinkgeschwindigkeit ein Aufsetzen am Boden gestattet. Diese Art der Landung ist mit den heutigen Flugzeugen und ihrer Fahrgestellanordnung nicht im Regelfall durchführbar. Hier muß von flugtechnischer Seite an neue Lösungen herangegangen werden, wenn das Ziel, eine absolute Blindlandung mit größter Sicherheit und unter Beibehaltung der jetzigen Flughafenausmaße durchzuführen, erreicht werden soll. Für eine Lösung dieser Aufgabe dürfte durch die bereits aus der Vorkriegszeit bekannte Konstruktion des Dreiradfahrgestells (Gebr. Voisin, Curtiss, Otto usw.) — neuerdings mit lenkbarem Bugrad — bereits ein Weg gewiesen sein[2], um so mehr, als sich auch durch diese Konstruktion eine größere Richtungsstabilität für den Ausrollvorgang bei Seitenwind gegenüber den Flugzeugen mit üblichem Zweiradfahrgestell ergibt. Die neuen amerikanischen Flugzeuge DC 4 und DC 5 z. B. sind, besonders auch zur erleichterten Blindlandung, mit einem Bugrad ausgerüstet.

B. Die Höhenmessung im Flugzeug beim Landevorgang.

Wie aus dem vorigen Abschnitt ersichtlich, wird man zur Durchführung einer sicheren Blindlandung auf das Vorhandensein eines Niedrighöhenmessers (Feinhöhenmessers) nicht verzichten können, der bei einem hinreichenden Fortschritt in der Entwicklung des funktechnisch geführten, geraden Gleitwegs auf einen sehr geringen Höhenbereich beschränkt bleiben kann.

Es hat nicht an Versuchen und Vorschlägen gefehlt, die die in dieser Hinsicht bestehende Lücke schließen sollen. Es erscheint daher gerechtfertigt, die grundsätzlichen Höhenmeßverfahren vergleichend gegenüberzustellen und, soweit sich die Grenze ihrer Leistungsfähigkeit erkennen läßt, in ihrer Eignung als Landehöhenmesser zu untersuchen. Da verschiedene Höhenmessverfahren von der topographischen Gestaltung eines Flughafens bzw. der geologischen Beschaffenheit des Bodens in gewissem Umfange abhängen, sollen diese Einflüsse bei der Betrachtung in den Vordergrund gestellt werden.

Die Höhenmesser lassen sich in zwei Hauptgruppen einteilen, und zwar in Bezugs- und Abtasthöhenmesser. Die Bezugshöhenmesser werden mitunter auf Grund ihrer physikalischen Definition als absolute Höhenmesser bezeichnet. Von dieser Bezeichnung ist Abstand genommen worden, da in den Vereinigten Staaten von Amerika — nicht ganz zu unrecht — auch die Abtasthöhenmesser häufig als absolute Höhenmesser bezeichnet werden[3]. Von der ersten Gruppe, die sich auf einen äußeren Zustand des Erdsystems bzw. der Atmosphäre (Luftdruck, Höhenstrahlung usw.) bezieht und dadurch einen Schluß auf die Höhe des Meßsystems (gegenüber dem gewählten Bezugspunkt) zuläßt, ist praktisch nur der barometrische Höhenmesser wegen seines verhältnismäßig einfachen Aufbaus durchentwickelt worden. Er stellt z. Zt. den Standardhöhenmesser der Luftfahrt dar. Die zweite Gruppe der Abtast-Höhenmesser, die eine unmittelbare Anzeige über Grund

---

[1] Stüssel: Das Problem der Schlechtwetterlandung im Luftverkehr. Luftwissen Nr. 5 S. 113, 1938.
[2] Strip Aerodromes: Flight, S. 178. 1938.
[3] Siehe Fußnote 1 auf S. 50.

liefert und deren Entwicklung z. Zt. noch nicht als abgeschlossen gelten kann, läßt sich einteilen in die Verfahren der

Kapazitätsmessung,
Intensitätsmessung und
Laufzeitmessung.

Zu den Abtast-Höhenmessern ist ferner noch der mechanische Landefühler zu rechnen.

Während der Drucklegung der vorliegenden Arbeit ist das Ergebnis des Preisausschreibens der Lilienthal-Gesellschaft für Luftfahrtforschung 1937/38 veröffentlicht worden[1], in dem die bisher bekanntgewordenen Vorschläge und Verfahren zur Bestimmung des Bodenabstandes auf funktechnischem Wege zusammengestellt und kritisch erläutert worden sind. Die Arbeiten von Dziewior und Theile stellen eine ausführliche Zusammenstellung mit Literatur- und Patentübersicht dar und ergänzen die in dieser Arbeit naturgemäß nur kurz behandelten funktechnischen Höhenmeßverfahren bestens. Die Schlußfolgerungen, die in vorliegender Arbeit aus der Leistungsfähigkeit der beschriebenen grundsätzlichen Verfahren gezogen werden, haben jedoch Allgemeingültigkeit.

a) Die Bezugs-Höhenmessung.

Der barometrische Höhenmesser ist ein Differenzanzeiger. Er mißt den Unterschied zwischen dem nach außen gerichteten Druck einer Meßdose und dem nach innen gerichteten Druck der auf dieser Dose ruhenden Luftsäule. Er ist also ein Aneroidbarometer mit Höhenskala.

Für die Navigation eines Luftfahrzeugs im Streckenflug, die in ihrer Höhenfestlegung praktisch stets auf NN, d. h. Meeresspiegel (qff) erfolgt, ist der barometrische Höhenmesser heute wohl der einzige in Frage kommende Höhenmesser, da an seine Vollkommenheit im Verhältnis keine allzu großen Ansprüche gestellt zu werden brauchen und die atmosphärischen Einflüsse hinreichend — allerdings nur auf dem Wege einer Funknachrichtenverbindung zwischen Flugzeug und Erdboden (Flugzeugfunkverkehr) — berücksichtigt werden können. Barometrische Höhenmesser dieser Art haben im allgemeinen einen Meßbereich von 0—6000 m.

Eine Steigerung der Empfindlichkeit des barometrischen Höhenmessers, geringste Druckunterschiede und somit Höhenunterschiede im Sinne eines Feinhöhenmessers nachzuweisen, ist nur bedingt möglich und durch atmosphärische und mechanische Einflüsse beschränkt.

Die atmosphärische Beschränkung ist die Abhängigkeit der Anzeige von der Temperatur, wenn auch eine ausreichende relative Unabhängigkeit des Meß-Systems von der Temperatur heute praktisch vorausgesetzt werden kann. Der barometrische Höhenmesser ist auf die Internationale Norm-Atmosphäre (INA) mit 6,5° Temperaturabnahme auf je 1000 m Höhendifferenz geeicht. Herrscht in der betreffenden Flughöhe eine andere Temperatur, als nach der INA vorhanden sein sollte, so gibt der Höhenmesser eine falsche Höhe an, weil das Gewicht und somit der Druck der Luftsäule von der Temperatur abhängig sind. Ist die Außenluft der Flughöhe wärmer als normal, so zeigt der Höhenmesser zu wenig an und umgekehrt.

Zahlenmäßig sind die Zusammenhänge zwischen der wahren Flughöhe (h_w) und der vom Höhenmesser angezeigten (h_a) bei einer Außentemperatur ($T°$) und der Normaltemperatur ($T_o°$) durch die Beziehung

$$\frac{h_w}{h_a} \approx \frac{T}{T_o} \tag{14}$$

gegeben, wobei die Temperaturen in Absolutwerten einzusetzen sind.

Die sich aus dieser Beziehung ergebende Fehlerkurve ist in Abb. 21 dargestellt. Praktisch liegen die Verhältnisse bezüglich des zu erwartenden Fehlers auf Grund von stark unterschiedlichen Temperaturen in den letzten Phasen des Fluges vor der Landung (Durchstoßen von Inversionsschichten usw.) nicht sehr ungünstig, da der barometrische Feinhöhenmesser durch den auf dem Funkwege erhaltenen Barometerstand des Flughafens (qfe) bereits beim Eintreten in den Flugsicherungsbezirk eingestellt wird. Er ist somit sozusagen auf den Hafen geeicht. Im Augenblick

---

[1] Dziewior: Zusammenstellung der bekannt gewordenen Vorschläge zur Abstandsbestimmung und zur Rückstrahlpeilung auf funktechnischem Wege und ihre kritische Betrachtung. Luftf.-Forschg. Nr. 16 S. 326, 1939 und Theile: Höhenmeßverfahren auf funktechnischer Grundlage. Ebda. S. 339.

der Landung wird die Höhenangabe stets stimmen, während vorher insofern mit gewissen Fehlern gerechnet werden muß, als je nach Flughöhe oder jeweiligem Standort andere Temperaturen vorliegen, als sie dem durch die qfe-Einstellung bedingten Temperaturwert entsprechen. Diese Fehler müßten für die Beurteilung der Gefahr von Flughindernissen berücksichtigt werden. Sie betragen jedoch — selbst bei extremen Temperatureinflüssen, wie sie z. B. Abb. 22 darstellt — nur wenige Prozent der tatsächlichen h_w und dürften in allen Fällen innerhalb der Fehler liegen, denen die Anzeige des barometrischen Höhenmessers bereits aus mechanischen Gründen unterliegt.

Bekanntlich herrscht im Flugzeug selbst meist nicht der gleiche Druck wie in der Außenluft. Das Öffnen und Schließen von Fenstern usw. sowie veränderliche Stau- oder Sogwirkungen rufen einen veränderlichen Unter- bzw. Überdruck am Instrumentenort hervor. Dieser Erscheinung ist man durch den statischen Druckausgleich begegnet, indem man den Höhenmesser luftdicht kapselt und das Gehäuseinnere an die statische Druckausgleichsöffnung der Meßdüsen anschließt. Auf diese Weise wird der Höhenmesser zwar von den Druckstörungen im Flugzeug selbst unabhängig, aber anfällig für auch nur die geringsten Störungen in der Druckleitung. Leichte Ver-

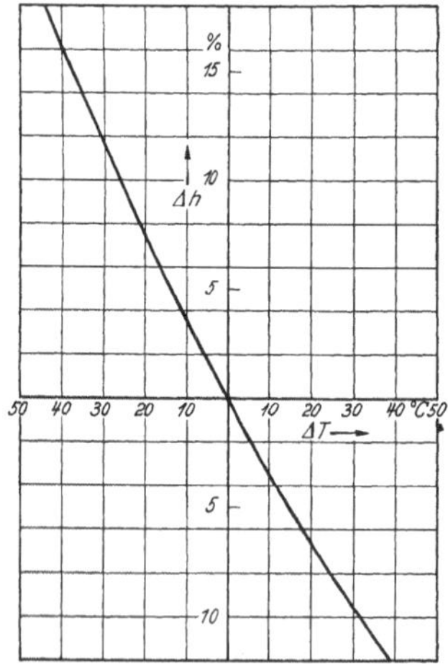

Abb. 21. Höhenfehler eines barometrischen Höhenmessers in Abhängigkeit von der Temperatur.

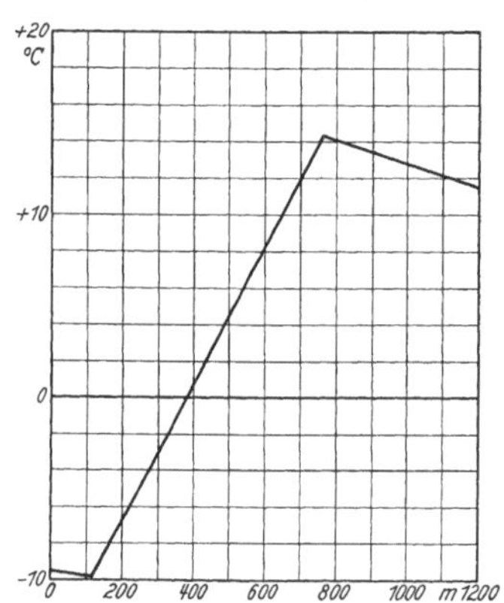

Abb. 22. Inversionsschicht (Aufstieg München 19. Dezember 1932. 0800).

eisung der Öffnungen, Undichtigkeiten der Leitung oder Bildung von Kondenswasser in der Leitung erzeugen eine fehlerhafte Anzeige, weshalb eine laufende Wartung nicht vermieden werden kann. Für die Sicherheit des Luftfahrzeugs ist dabei entscheidend, daß ein sicheres Kriterium für das nicht mehr einwandfreie Arbeiten des Höhenmessers nicht gegeben ist.

Ferner ist die niemals völlig überwindbare Zeitkonstante zu berücksichtigen. Der barometrische Höhenmesser hinkt in der Anzeige nach, d. h. er folgt Höhenänderungen nicht sofort, sondern braucht eine gewisse Zeit, um sich einzustellen. Dieser Nachteil wird um so größer, auf je größere Empfindlichkeit hin der Höhenmesser gebaut wird, umso kleiner also die zur Anzeige zur Verfügung stehende Verstellkraft wird. Von neuzeitlichen Höhenmessern empfindlichster Bauart wird eine Hysterese von kleiner als $\pm$ 10 m verlangt, ihr Meßbereich beträgt einige Hundert Meter, der praktisch nur mit einer Genauigkeit von $\pm$ 10—13 m anzuwenden ist (Kollsman). Für die Bedürfnisse der Schlechtwetter- oder Blindlandung sind sie nicht ausreichend. Eine wesentliche Verfeinerung der barometrischen Höhenanzeige ist in den nächsten Jahren nicht zu erwarten, so daß offenbar der barometrische Höhenmesser aus dem Wettbewerb mit den Abtasthöhenmessern und damit auch als Lande-Feinhöhenmesser für die Zwecke der Blindlandung praktisch ausscheidet.

b) Die Abtast-Höhenmessung und ihre Abhängigkeit von den physikalischen Eigenschaften des Erdbodens.

aa) Höhenmesser nach dem Verfahren der Kapazitätsmessung. Dieses Gerät beruht auf der Überlegung, die Höhe aus der Änderung einer Kapazität bei Annäherung des Flugzeugs an den Boden zu bestimmen. Der Gedanke zu einem Höhenmesser dieser Art ist verschiedentlich ausgesprochen worden, ohne daß bisher eine brauchbare und betrieblich einsatzfähige Lösung bekannt geworden wäre[1]. Dies ist um so bedauerlicher, als ein Kapazitätsmeßverfahren für die Anwendung als Landungshöhenmesser recht günstig beurteilt werden muß. Bei Höhen über 50 m ist der kapazitive Einfluß der Erde zwar noch klein und kann durch die Kapazitätsänderungen, die infolge der Änderung der Dielektrizitätskonstante der Luft durch Schwankungen des Luftdrucks entstehen, leicht gefälscht werden. Mit zunehmender Bodennähe wird aber der kapazitive Einfluß der Erde immer stärker und die die Anzeige bestimmende Größe immer größer, was als eine Hauptforderung für einen Landungshöhenmesser herausgestellt werden muß, da — sofern nicht eine hohe Genauigkeit innerhalb des gesamten Meßbereichs erzielt werden kann — die Genauigkeit bei einem brauchbaren Höhenmesser wenigstens mit abnehmendem Abstand zwischen Flugzeug und Erdboden zunehmen muß.

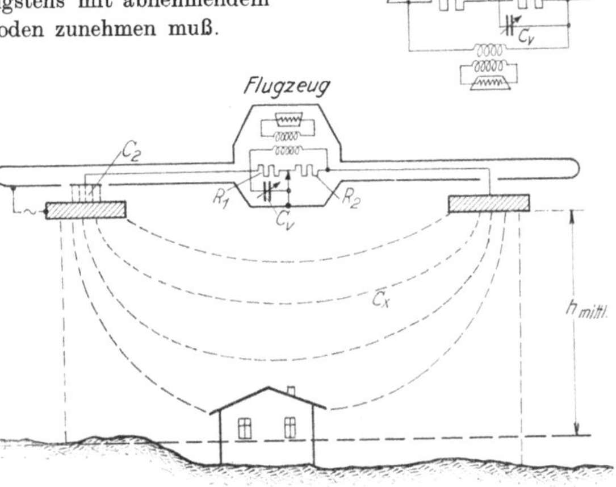

Abb. 23. Grundgedanke eines kapazitiven Höhenmessers (nach holl. Patent Nr. 64474, Kl. 21 a⁴ 48).

Die Größe des Meßbereichs hängt von der räumlichen Ausdehnung der zur Verfügung stehenden Grundkapazität (C_x in Abb. 23) ab, die durch die Größe des Flugzeugs gegeben ist. Der praktisch erzielbare Meßbereich geht bei Flugzeugen der heutigen Bauart (z. B. Ju 52, He 111) schätzungsweise von 0 bis 50 m. Mit größer werdendem Flugzeugmuster wird er noch etwas vergrößert werden können, jedoch gilt auch umgekehrt, daß bei seiner Verwendung in kleineren Flugzeugen der Bereich entsprechend kleiner wird.

In dieser Tatsache liegt eine der konstruktiven Schwierigkeiten des kapazitiven Höhenmessers, daß er nicht ein Gerät an sich darstellt, sondern Leistung und Eichung vom Einbau in der Flugzeugzelle abhängen. Außerdem ist die Grundkapazität C_x schon an sich sehr klein (Größenordnung 10^{-15} F), so daß insbesondere die betriebsmäßige Messung ihrer Änderung als Höhenkriterium nicht einfach ist. Die genannten Schwierigkeiten sind aber als überwindbar anzusehen, so daß mit der Verwendung eines kapazitiven Höhenmessers in Zukunft grundsätzlich gerechnet werden kann.

Da bei der Benutzung niederer Meßfrequenzen ($f = 10\,000$ Hz) die Leitfähigkeit des Erdbodens keine Rolle spielt, die physikalischen Eigenschaften des Erdbodens also in die Messung nicht eingehen, muß der kapazitive Höhenmesser vom Standpunkt der Bodenorganisation für das Einschweben landender Flugzeuge als sehr günstig angesehen werden.

Beim Anflug eines Flughafens im Landevorgang folgt die Höhenanzeige ohne weiteres den topographischen Ungleichmäßigkeiten des Geländes, jedoch als Mittelwert, da das jeweilige Ergebnis stets das Integral über einen größeren räumlichen Bereich darstellt. Dies ist vom Standpunkt der Höhenmessung vom Flugzeug aus als besonders vorteilhaft zu bezeichnen. Es muß nur, um

---

[1] v. Steenbergen: Acoustische en capacitive hoogtemeters. De werking en hun toepassing voor de luchtvaart. De Ingenieur, Electrotechniek Nr. 5 S. 35, 1937.

plötzliches Springen zu vermeiden, gefordert werden, daß in dem Bereich des Flughafenvorgeländes, in dem der kapazitive Höhenmesser benutzt werden soll, keine elektrisch leitenden Massen oder Flächen großer Längenausdehnung sich über dem Erdboden befinden (Leitungsdrähte, Metalldächer usw.). Diese Forderung fällt aber weitgehend mit der rein fliegerischen Forderung der Hindernisbeseitigung in den Hauptanflugrichtungen zusammen.

bb) Höhenmesser nach dem Verfahren der Intensitätsmessung. Diesem Verfahren liegt eine Amplitudenmessung zugrunde. Ein Ultrakurzwellensender geringer Leistung, dessen Strahler auf der Unterseite des Flugzeugs angebracht ist, strahlt mit einer gewissen Bündelung nach unten. Der senkrecht auf den Erdboden einfallende Strahlungsanteil wird wieder senkrecht nach oben reflektiert, so daß sich zwischen dem Flugzeug und dem Erdboden stehende Wellen ausbilden können. Die Amplituden dieser Wellen nehmen mit der Annäherung des Flugzeugs an den Boden zu, wobei die Größe der Amplitude ein Maß für die Flughöhe über Grund ist[1]. Auf die Art der Messung der Amplitude kann im Rahmen dieser Arbeit verzichtet werden, da sie ohne Einfluß auf die hier zu untersuchenden Eigenschaften des Erdbodens ist.

Unter der Voraussetzung, daß das Reflexionsvermögen des Erdbodens nicht zu großen Schwankungen, sowohl zeitlich wie örtlich im Anschwebegelände unterliegt, ergibt sich die Amplitude der stehenden Wellen dann praktisch umgekehrt proportional zur Flughöhe. Das Verfahren liefert also bezüglich des Energieanteils des Höhenkriteriums ähnlich günstige Verhältnisse wie der kapazitive Höhenmesser.

Wie aber die Rechnungen und Messungen von Pfister und Roth[2] ergeben haben, muß man im praktischen Fall der Höhenmessung den Erdboden stets als geschichtetes Medium mit verschiedener Dielektrizitätskonstante und verschiedener Leitfähigkeit auffassen. Zwischen der unmittelbar an der Oberfläche reflektierten und der noch eindringenden und an der nächsten Grenzschicht reflektierten Welle ist die Phasenverschiebung (bei senkrechtem Einfall)

$$\frac{2\sqrt{\varepsilon - 60\,\sigma\lambda j}}{c} \cdot d \cdot \omega \tag{15}$$

worin ε die Dielektrizitätskonstante, σ die Leitfähigkeit und d die Dicke der durchlaufenden Schicht drei beliebige Parameter sind. Durch diese veränderliche Phasenverschiebung tritt eine wechselnde Interferenz ein. Bei der Verwendung z. B. von Dezimeterwellen kommt noch eine Dämpfung (Absorption) der Energie bei der Durchdringung der geschichteten Medien hinzu[3]. Die reflektierte Energie ist jeweils so stark unterschiedlich, daß, wenn nicht besondere Bedingungen bezüglich der Erdbodeneigenschaften gestellt werden, das Höhenmeßverfahren nach der Reflexionsmessung praktisch nicht in Frage kommen kann. Aus den sehr aufschlußreichen Untersuchungen von Pfister und Roth sollen einige Interferenzkurven der reflektierten Energie wiedergegeben werden (Abb. 24).

Wie man aus diesen Abbildungen sieht, tritt unter Umständen sogar der Fall ein, daß überhaupt keine reflektierte Energie mehr vorhanden ist, ein Höhenmesser also praktisch eine sehr große Höhe anzeigt. Ferner ist aus Abb. 24d zu ersehen, daß bei der Verwendung von Dezimeterwellen z. B. beträchtliche Fehler auftreten, wenn auf Teerasphaltbahnen von Flughäfen nach starkem Regen große Wasserlachen stehen bleiben.

Praktische Flugversuche haben die starken Unterschiedlichkeiten der Höhenanzeige je nach dem Untergrund bestätigt und gezeigt, daß dieser Höhenmesser entweder nur auf besondere Einzelfälle (Landungen über See) beschränkt bleiben kann, oder verhältnismäßig schwer erfüllbare Forderungen an den Flughafenbauer stellt.

Zur Sicherstellung einer genauen Höhenanzeige müssen wohldefinierte, insbesondere vom Niederschlag und der Erdbodenfeuchtigkeit unabhängige Reflexionsverhältnisse geschaffen werden indem z. B. große Erdnetze über dem Erdboden im Anflugsektor und in der Hauptlandebahn ausgelegt werden.

---

[1] Alexanderson: Radio echo altitude meter. J. Aero. Sci. Nr. 3 S. 316, 1936.
[2] Pfister und Roth: Reflexion am geschichteten Medium. Hochfr. u. Elektroak. Nr. 51 S. 156, 1938.
[3] Dällenbach und Kleinsteuber: Reflexion und Absorption von Dezimeterwellen an ebenen, dielektrischen Schichten. Hochfr. u. Elektroak. Nr. 51 S. 152, 1938.

Aus diesem Grund scheidet das Höhenmeßverfahren nach der Intensitätsmessung für eine Anwendung im Flugzeug aus.

cc) Höhenmesser nach dem Verfahren der Laufzeitmessung. Der Grundgedanke eines Höhenmessers nach der Laufzeitmessung (Echolot) ist die Bestimmung der Laufzeit eines Impulses beliebiger physikalischer Natur vom Augenblick der Abgabe im Flugzeug bis zum Wiedereintreffen am Flugzeug nach der Reflexion durch den Erdboden gemäß der Beziehung

$$h = \frac{v \cdot t}{2} \qquad (16)$$

Hierin ist v die Fortpflanzungsgeschwindigkeit der Impulswelle, t die zu messende Zeit und h die sich daraus ergebende Höhe. Man kann je nach der physikalischen Natur des abgegebenen Impulses zwischen

elektrischen Verfahren,

die vornehmlich Ultrakurzwellen als Träger benutzen und

akustischen Verfahren,

die Schallwellen als Träger benutzen, unterscheiden. Bezüglich ihrer Leistungsfähigkeit besitzt die Laufzeitmessung folgende Kriterien:

1. Die Einflüsse des Erdbodens auf die Reflexion sind weitgehend ausgeschaltet. Es genügt, wenn überhaupt ein hinreichend starker Impuls zur Auslösung der Anzeigevorrichtung zum Flugzeug zurückkommt.

2. Einflüsse der Atmosphäre auf die Fortpflanzungsgeschwindigkeit des Impulses sind für elektrische Wellen überhaupt nicht, für Schallwellen nur in geringem Umfange vorhanden.

3. Die Genauigkeit der Verfahren ist auf Grund der Punkte 1 und 2 recht groß. Allerdings ist die Darstellung kleiner Höhen (0—10 m) schwierig, weil die Laufzeitunterschiede besonders bei elektrischen Wellen sehr klein werden.

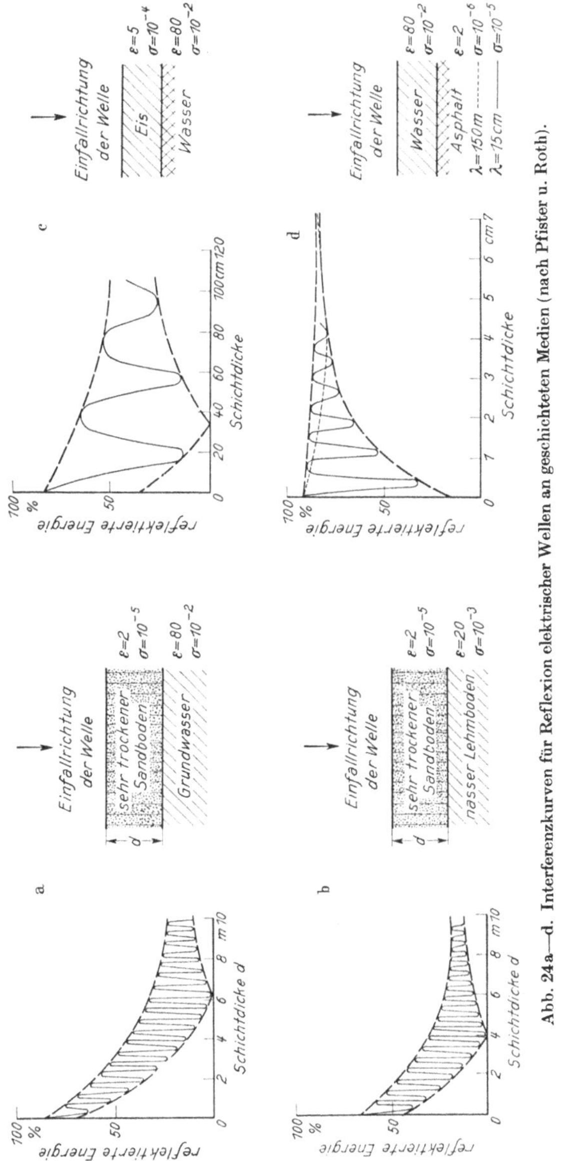

Abb. 24a—d. Interferenzkurven für Reflexion elektrischer Wellen an geschichteten Medien (nach Pfister u. Roth).

Laufzeitmessung elektrischer Wellen. Eine brauchbare Ausführung eines Höhenmessers nach dem elektrischen Impulsverfahren ist bisher nicht bekannt geworden.

Jedoch ist an dieser Stelle ein gleichzeitig in den Vereinigten Staaten von Amerika und Japan entwickeltes Meßverfahren zu erwähnen, das nicht die reine Laufzeit eines Impulses, sondern die Schwebungsfrequenz als Höhenkriterium benutzt, die zwischen einer am Boden reflektierten, frequenzgemodelten Ultrakurzwelle gegenüber dem unmittelbaren Empfang entsteht[1]. Das Wesentliche seiner Wirkungsweise läßt sich folgendermaßen darstellen. Ein kleiner Sender von wenigen Watt Leistung speist kontinuierlich einen unten am Flugzeugrumpf angebrachten Dipol. Die Strahlung des Dipols ist bodenwärts gerichtet. Die vom Boden reflektierte Strahlung trifft den einige Meter entfernt angebrachten Empfangsdipol, der auch einen kleinen Teil der Strahlung des Sendedipols unmittelbar aufnimmt (Abb. 25). Die Grundlage des Verfahrens ist die Tatsache, daß die ausgestrahlte Frequenz linear von der Zeit abhängig frequenzgemodelt ist. Durch die Linearität der Modelung ist der Betrag der Verschiebung zwischen direkter und indirekter Welle bei idealer Reflexion am Erdboden für die jeweilige Höhe in jedem Augenblick konstant, wodurch die Höhenmessung auf einen Vergleich zweier Frequenzen (Messung der Schwebungsfrequenz Δf) zurückgeführt ist nach der Beziehung gemäß Abb. 25

$$h = \text{prop} \frac{\Delta t}{2} = \text{prop} \frac{\Delta f}{2}. \qquad (17)$$

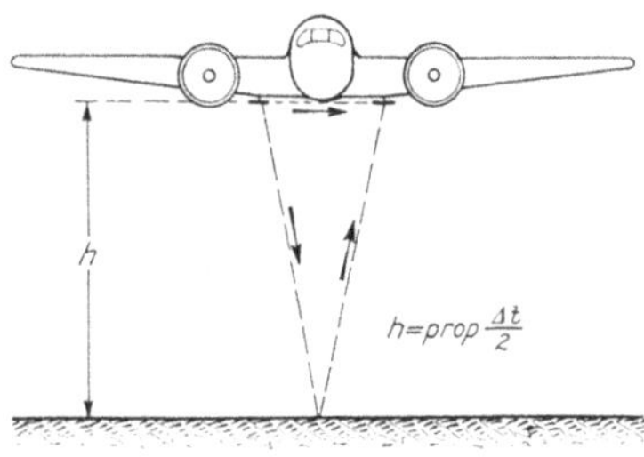

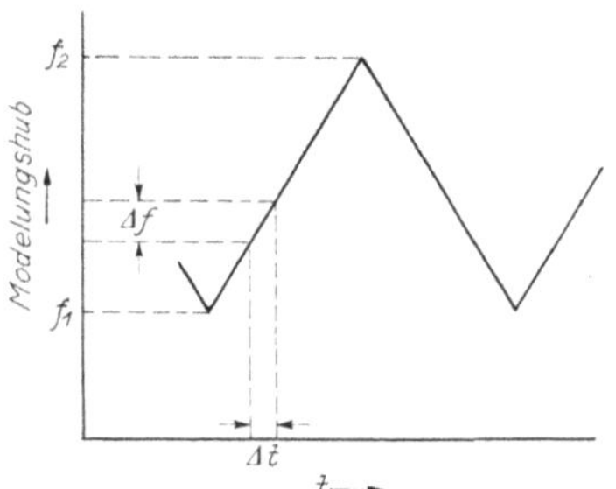

Abb. 25. Laufzeitmessung nach der Schwebungsmessung bei frequenzgemodelter Welle.

Dieses Höhenmeßverfahren muß, allerdings für die fernere Zukunft, in der man die Technik der Zentimeterwellen in besserem Maße beherrschen wird als jetzt, als recht aussichtsreich bezeichnet werden. Es wird möglich sein, den Meßbereich auf mehrere 1000 m Flughöhe auszudehnen, im Gegensatz zu allen anderen Abtasthöhenmessern. Anforderungen an die Erdbodeneigenschaften werden sich bezüglich der Reflexionsbedingungen kaum ergeben, da die beim Amplitudenmeßverfahren störende Phasenlage der resultierenden Welle sich praktisch nicht mehr auswirkt. Zur Zeit machen folgende Punkte in der Entwicklung betriebsreifer Geräte noch Schwierigkeiten:

1. Der derzeitige Stand der Technik der Dezimeterwellen gestattet noch nicht die sichere und elegante Lösung aller gestellten Aufgaben im Sinne eines Betriebsmeßgeräts.

2. Der apparative Aufwand entspricht insbesondere gewichtsmäßig noch nicht den betriebsmäßig tragbaren Werten.

3. Die Messung kleiner Höhen (z. B. 0—20 m) ist bei diesem Verfahren noch kritisch. Z. B. ist bei einer Trägerfrequenz von 600 MHz ein Frequenzmodelungshub von 38 MHz für einen Meßbereich von 5—50 m erforderlich (Matsuo). Bei Verwendung wesentlich kleinerer Modelungshübe (z. B. 100 Hz) wird die meßtechnische Darstellung für Höhen unter 10 m besonders schwierig.

Ferner erschwert die Anwendung als Höhenmesser für geringe Höhen die Tatsache, daß das Auftreten von Teilreflexionen am Boden (Mehrfachechos) keine eindeutige Höhenanzeige mehr liefert.

In welcher Zeit mit der Einführung eines Höhenmessers dieser Bauart gerechnet werden kann, hängt von den Fortschritten der Entwicklung ab. Im Rahmen dieser Betrachtung ist die Feststellung wichtig, daß im Falle einer Einführung Anforderungen an die physikalische Beschaffenheit des Erdbodens, soweit sich heute übersehen läßt, nicht gestellt werden.

Laufzeitmessung von Schallwellen. Von den Höhenmessern nach dem akusti-

---

[1] Roberts: The absolute altimeter. Aero Dig. Nr. 38 S. 87 u. 105, 1938 und Matsuo: Altimètre à lecture directe pour l'aéronautique. Onde électr. Nr. 17 S. 362, 1938.

schen Verfahren[1], die in vielen Ländern entwickelt worden sind, stellte bereits das für die deutschen Luftschiffe entwickelte Behm-Echo-Lot eine schon recht brauchbare Lösung dar. Dieses war eine Weiterentwicklung des nach dem gleichen Prinzip arbeitenden Tiefenlots der Seeschiffe. Für die Verwendung im Flugzeug ergeben sich jedoch gewisse Erschwerungen, weil

1. die äußeren Störgeräusche beim Flugzeug ganz erheblich sind, weshalb sende- und empfangsseitig eine scharfe Richtwirkung von Sender und Empfänger bzw. selektive Verstärkung (z. B. Laboureur[2]) erforderlich wird,

2. die in der Seefahrt angewendeten Ultraschallwellen, die bei geringen Tiefen eine erhebliche Besserung brachten, wegen der starken Dämpfung in Luft nicht in Betracht kommen,

3. die bisherige Anzeigevorrichtung den besonderen Bedürfnissen des Flugbetriebes angepaßt werden muß, wobei wegen der großen Geschwindigkeit des Flugzeuges über Grund eine rasche Folge der an sich unvermeidlichen Einzelmessungen (Impulse) nötig ist,

4. der apparative und gewichtsmäßige Aufwand z. B. gegenüber der Ausführung für Luftschiffe erheblich beschränkt werden muß.

Die allgemeinen physikalischen Voraussetzungen der Laufzeitmessung des Schalls für die Verwendung als Flugzeughöhenmesser sollen nachstehend kurz zusammengestellt werden.

Für die Wirkungsweise gilt zunächst grundsätzlich die bereits angegebene Beziehung, daß die Fortpflanzungsgeschwindigkeit des Schalls in Luft der Höhe des Flugzeugs über Grund direkt proportional ist (Gl. 16). Sie hängt jedoch in gewissem Umfang von dem jeweiligen Zustand der Luft selbst ab und zwar nach der Beziehung

$$v_s = \sqrt{101{,}33\,\gamma\,\frac{1+\alpha T}{s_0}}\ [\text{m/s}] \qquad (18)$$

Hierin ist γ das Verhältnis der spez. Wärmen bei konstantem Druck und konstantem Volumen

$$\gamma = \frac{c_p}{c_v} \qquad (19)$$

s_0 die Luftdichte ($0°$, 760 mm Hg),

α der Ausdehnungskoeffizient der Luft
  $= 0{,}003674$,

T die Temperatur der Luft in $°$ C.

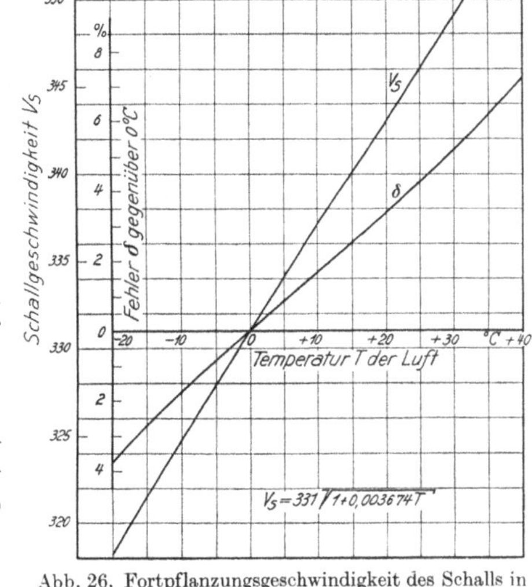

Abb. 26. Fortpflanzungsgeschwindigkeit des Schalls in Luft abhängig von der Lufttemperatur.

Wie man sieht, ist die Fortpflanzungsgeschwindigkeit erfreulicherweise vom Luftdruck völlig unabhängig. Für trockene CO_2-freie atmosphärische Luft ($s_0 = 1{,}4$ und $\alpha = 0{,}0012932$) bleibt lediglich die Abhängigkeit von der Temperatur nach der Beziehung

$$v_s = 331\sqrt{1 + 0{,}003674\,T} \qquad (20)$$

was in Abb. 26 dargestellt ist. Innerhalb eines Temperaturbereichs von z. B. 15° ist der Fehler kleiner als 3%. Für die weiteren Berechnungen soll daher zweckmäßig der Mittelwert

$$v_{s\,\text{mittl}} = 340\ \text{m/s} \qquad (21)$$

zugrunde gelegt werden.

Feuchte Luft kann bis zu 1 v. H. leichter sein als trockene Luft. Der dadurch entstehende Fehler in Gl. (18) kann aber praktisch gegenüber der Temperaturabhängigkeit völlig vernachlässigt werden.

---

[1] v. Steenbergen: a. a. O.
[2] Laboureur: Le problème de la sonde aérienne. La science aérienne Nr. 3 S. 417, 1934.

Im Gegensatz zu einem Höhenmesser mit elektrischen Wellen spielt bei der Höhenmessung mit Schallwellen die Eigengeschwindigkeit des Flugzeugs (v_F) bereits eine Rolle, deren Einfluß durch die Beziehung

$$h = h_g \sqrt{1 - \left(\frac{v_F}{340}\right)^2} \tag{22}$$

gegeben ist. Darin ist h die tatsächliche Flughöhe und h_g die gemessene Flughöhe. Wie aus Abb. 27 ersichtlich ist, wird der Fehler erst bei größeren Fluggeschwindigkeiten merklich. Bei den hier zu betrachtenden Landegeschwindigkeiten von 100—150 km/h liegt er noch unter 1 v. H. Er kann also gleichfalls praktisch vernachlässigt werden.

Bisher wurde angenommen — was auch für größere Höhen stets zutrifft — daß der räumliche Abstand zwischen Schallsender und Empfänger im Flugzeug für die Höhenmessung belanglos ist.

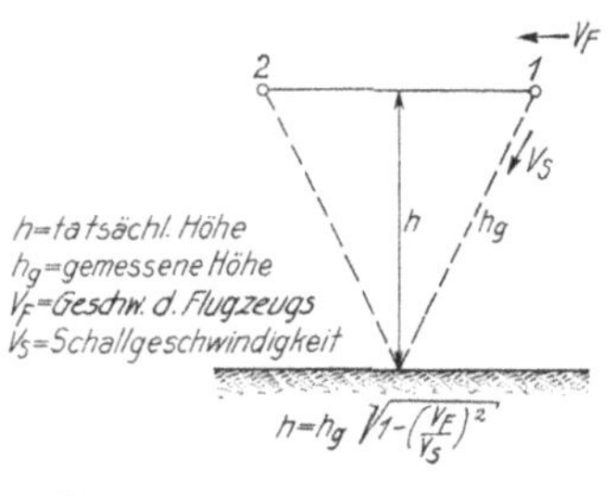

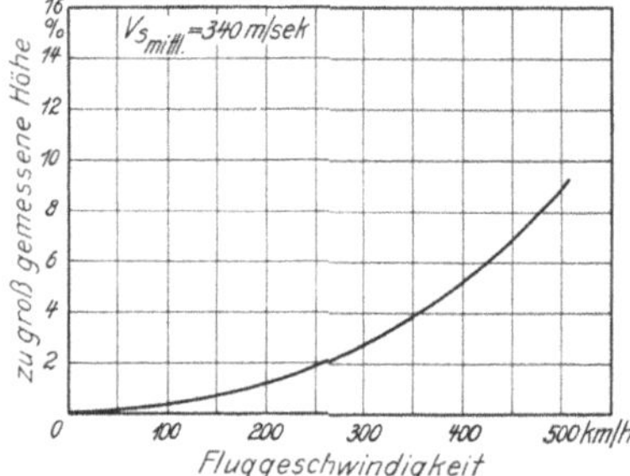

Abb. 27. Einfluß der Fluggeschwindigkeit auf die Genauigkeit des akustischen Höhenmessers (Fehlerkurve).

Da aber der akustische Höhenmesser bis zu Flughöhen von 1 m und weniger einwandfrei arbeiten soll (1 m Flughöhe entspricht bei senkrechter Messung einem Zeitunterschied von etwa 6 Millisekunden), muß auf die Bedeutung dieser Tatsache hingewiesen werden. Praktisch haben Schallsender und Empfänger zur ausreichenden Entkopplung einen gewissen Abstand voneinander, indem man z. B. den Sender in die eine Tragfläche des Flugzeugs, den Empfänger in die andere Tragfläche einbaut, wie es etwa Abb. 28 zeigt. In einem solchen Fall geht die Laufzeit des Schalls auf dem direkten Wege vom Sender zum Empfänger in die Höhenmessung merklich ein, sobald es sich um Höhen unter 10 m handelt. Diesem Umstand muß man in konstruktiver und apparativer Form begegnen, so daß noch Höhen von 1 m über Grund einwandfrei gemessen werden können. Hinzu kommt, daß durch die Höhe des Fahrgestells nur bis zu einem endlichen Höhenwert herab gemessen zu werden braucht. Als ein gewisser Nachteil des Impulsverfahrens ist ferner auch der Umstand anzusprechen, daß die Anzeige der Höhe nicht stetig, sondern sozusagen punktförmig vor sich geht.

Da die aufgezeigten Erschwernisse, abgesehen von punktweiser Messung, durch entsprechende konstruktive Entwicklung sicherlich überwunden werden, wird mit dem Einsatz eines Höhenmessers nach der akustischen Laufzeitmessung in Zukunft in erster Linie zu rechnen sein.

Es bleibt daher zu untersuchen, in welchem Umfang die Eigenschaften des Erdbodens — physikalisch gesehen — in die Leistungsfähigkeit dieses Verfahrens eingehen. Die Beschaffenheit des Erdbodens hat einen durchaus merklichen Einfluß auf die Reflexion des Schalls. Z. B. ergibt eine Messung über Wald eine wesentlich diffusere Reflexion des Schallimpulses (dumpfes Echo) als ein Acker. In besonders extremen Fällen, wie über weichem Neuschnee oder gestapeltem Heu kann sogar eine vollständige Absorption des Schallimpulses eintreten. Über freiem Gelände und über See bekommt man stets kurze und kräftige Echos, über Ortschaften oder sehr unregelmäßigem Untergrund mitunter mehrfache Echos. Letztere sind aber, sofern das erste zurückkommende Echo bereits zur Anzeige ausreicht, belanglos. Die Überwindung des letztgenannten Einflusses ist durch eine entsprechend empfindliche Konstruktion der Bordapparatur möglich.

Aus vorstehenden Überlegungen und den bisher auch durch Versuche gesammelten Erfahrungen kann geschlossen werden, daß die der Bodenseite etwa zu stellenden Aufgaben für die Benutzung eines akustischen Höhenmessers technisch und wirtschaftlich als lösbar anzusehen sind. Die

Forderungen bezüglich der Erdbodenbeschaffenheit werden in erster Linie sein, das Anschwebegelände, z. B. in den letzten 2 km vor der Rollfeldgrenze frei von Wald und Buschwerk oder auch Getreideanbau zu halten. Die schwierigste Forderung wird im allgemeinen sein, nach starkem Schneefall den Neuschnee zu beseitigen. Dies ist bekanntlich bereits für die Hauptlandebahn des Rollfeldes ein Problem, das die Einsatzfähigkeit eines Flughafens begrenzen kann[1]. Hier käme u. U. von seiten der Blindlandung eine auf gleicher Grundlage liegende Beschränkung hinzu.

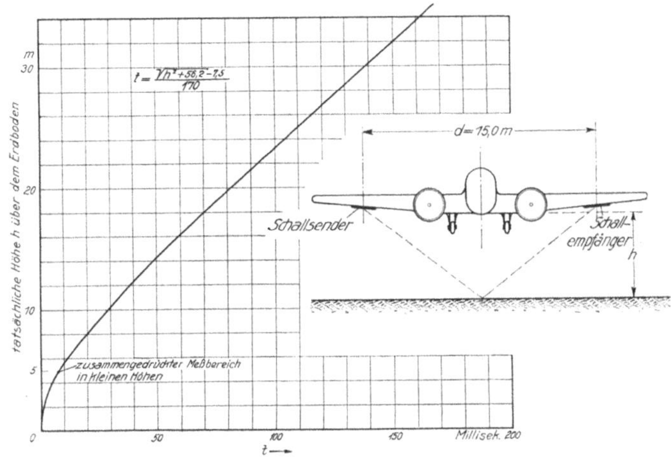

Abb. 28. Abhängigkeit der Laufzeit des Schalls von der Höhe des Flugzeugs über Grund. (Abstand zwischen Schallsender und Schallempfänger $d = 15$ m.)

dd) Der mechanische Landefühler. Der bei Flugbooten oder Wasserflugzeugen mitunter geübte Brauch, die Annäherung an die Wasserfläche dadurch festzustellen, daß man die Flugzeugschleppantenne um eine geringe, definierte Länge heraushängen läßt und ihre Berührung mit dem Wasser durch gleichzeitiges Abhören im Empfänger feststellt, führte bei der Übertragung des Gedankens auf die Verhältnisse beim Landflugzeug zu der Konstruktion eines mechanischen Landefühlers, der als eine Gemeinschaftsarbeit der Deutschen Lufthansa, Flugleitung Tempelhof, entstand und im Jahre 1937 erprobt wurde. Eine Vorführung fand bei einer Tagung der Fachgruppe für Flugfunkwesen der Lilienthalgesellschaft für Luftfahrtforschung durch E. Dierbach statt.

Das Grundsätzliche seines Aufbaus geht aus Abb. 29 hervor. Am Rumpfunterteil des Flugzeugs ist ein in einem Endpunkt vorn am Flugzeug drehbar gelagerter Hebel aus Leicht-

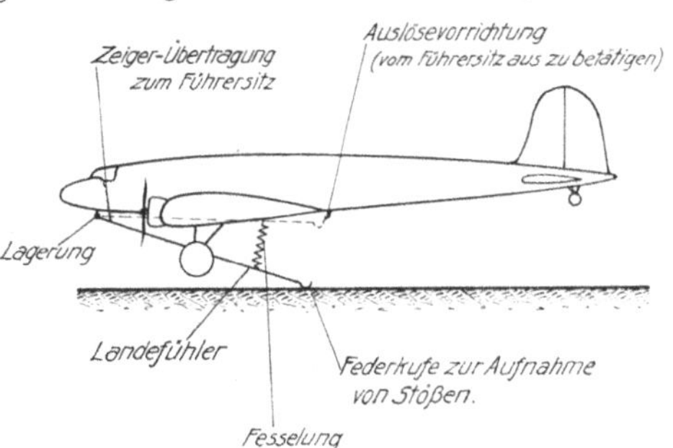

Abb. 29. Wirkungsweise des mechanischen Landefühlers (Deutsche Lufthansa).

metall von 5—6 m Länge angebracht, der im Flugzustand dicht am Rumpf gehalten wird. Kurz nach dem Überfliegen der Platzgrenze löst der Flugzeugführer den Hebel aus, der herabfällt und unter dem Einfluß des Fahrtwindes etwa unter einem Winkel von 30—40° zur Lotrechten am Flugzeug herabhängt. Bei einer Flughöhe von etwa 4—5 m über Grund berührt der Hebel den Boden und wird bei weiterem Sinken des Flugzeugs nach hinten gedrückt. Stöße an den Unebenheiten des Roll-

---

[1] Rapp: Die Schneebehandlung auf Rollfeldern. Flughaf. Nr. 7 S. 58, 1938.

feldes gleicht eine federnde Kufe aus. Die Stellung des Landefühlers wird durch ein mechanisches Gestänge auf eine in Meter geeichte Zeigerstellung übertragen.

Dieser Landefühler stellt im Gedanken und in der Ausführung die einfachste Lösung eines Niedrighöhenmessers (Abfanghöhenmessers) dar, weshalb er im Rahmen dieser Betrachtung erwähnt werden mußte. Eine sichere Blindlandung läßt sich nach einiger Übung des Flugzeugführers anstandslos durchführen. Seiner praktischen Einführung auf breiter Grundlage stehen jedoch betriebliche Gründe entgegen. Bei Vorhandensein befestigter Rollbahnen ist die Benutzung eines mechanischen Landefühlers, gegebenenfalls als zusätzliches Hilfsmittel beim Versagen anderer Höhenmesser, denkbar.

c) Die Bedeutung der topographischen Verhältnisse in den Anflugsektoren und in der Hauptlandebahn für die Verwendung eines Abtasthöhenmessers.

Die Einführung eines geeigneten Feinhöhenmessers, der als Abtasthöhenmesser arbeiten muß, ist, wie aus den vorangegangenen Kapiteln ersichtlich, das Kernproblem der weiteren Entwicklung der Schlechtwetterlandetechnik. Sein Wert ist, wie gezeigt werden konnte, für alle in Frage kommenden Landeverfahren stets von gleicher Bedeutung. Selbst ein ideales Gleitwegverfahren wird das Vorhandensein eines Abtasthöhenmessers erfordern.

Es wird daher in Zukunft die topographische Beschaffenheit des Rollfeldvorgeländes in der Hauptlandebahn und teilweise auch in den Anflugsektoren eine wichtige Rolle für die Sicherheit des Landevorganges spielen, da beim Abtasthöhenmssser, wie der Name sagt, die Höhenanzeige dem Profil des Geländes folgt. Es muß daher eine gewisse Stetigkeit im Erdbodenprofil verlangt werden, weil eine stark zerklüftete Formation dauernd springende Höhenwerte liefert und die Höhenanzeige für den Landeanflug unbrauchbar machen kann. Der Flugzeugführer erhält in einem solchen Fall über die tatsächliche Höhe über Grund kein klares Bild. Zweifelsohne muß dem einen Flughafen im Blindflug anfliegenden Flugzeugführer die Beschaffenheit des Vorgeländes (schon aus Hindernisgründen) bekannt sein, jedoch sind an die Stetigkeit und Geländeneigung zumindest der letzten zwei Kilometer vor der Rollfeldgrenze erhöhte Anforderungen zu stellen. In dieser Hinsicht besitzen z. B. verschiedene Anflugsektorkarten von Schweizer Flughäfen (NfL 37/2) innerhalb des Hauptanflugsektors die Einzeichnung des Höhenprofils über der Grundlinie. Für solche Anflugsektorkarten muß auf die plastische Wirkung ebener Hochbildkarten hingewiesen werden, die (neben dem eingezeichneten Höhenprofil) die den Luftfahrer interessierenden topographischen Verhältnisse im Anflugsektor sehr anschaulich wiedergeben (Abb. 30). Da hinreichende Erfahrungen auf diesem Gebiet natürlich erst gesammelt werden können, wenn ein Abtasthöhenmssser einsatzfähig vorhanden ist, müssen wir an dieser Stelle versuchen, die von seiten des Flughafenbauers zu erfüllenden Voraussetzungen auf Grund von Überlegungen zu gewinnen. Eine Darstellung der derzeitigen Verhältnisse beim Landevorgang, wie sie Abb. 31 wiedergibt, sei zunächst vorausgenommen. Bei Landungen mit ausschließlicher Vertikalnavigation nach Einflugzeichen (gemäß 2, A, a) sind für die Einflugzeichen bestimmte Mindestwerte für die Überflughöhen vorgeschrieben. Hierbei ist besonders die für das Haupteinflugzeichen erforderliche Höhe für den eigentlichen Landevorgang kritisch. Sie soll zwar so niedrig wie möglich sein, kann jedoch bei ausschließlicher Benutzung barometrischer Höhenmesser in bezug auf die fliegerische Sicherheit niemals kleiner als 50 m gewählt werden. Sie erfordert daher besonders große, für die letzten Augenblicke des Blindanflugs untragbare Sinkgeschwindigkeiten, wenn z. B. bereits 200 m von der Rollfeldgrenze entfernt aufgesetzt werden soll. Es ist daher zur Zeit noch Voraussetzung, daß der Flugzeugführer sofort nach Überfliegen des Haupteinflugzeichens hinreichende Erdsicht bekommt.

Bei Benutzung eines Abtasthöhenmessers zur blind geführten Vertikalnavigation braucht die Flughöhe über dem Haupteinflugzeichen je nach den vorhandenen Hindernissen nur noch etwa 10 bis 20 m groß gewählt zu werden. Die in diesem Falle in Frage kommende Vertikalnavigation ist in Abb. 32 dargestellt, wobei bezüglich der Vertikalsicht keine besonderen Voraussetzungen mehr gemacht zu werden brauchen. Nach Überfliegen des Voreinflugzeichens wird der Flugzeugführer mit maximal zulässiger Sinkgeschwindigkeit herabgehen, bis der Abtasthöhenmesser, der im vorliegenden Beispiel einen Bereich bis 50 m haben soll, anzuzeigen beginnt. Alsdann kann die weitere Vertikalnavigation nach dem Abtasthöhenmesser gestaltet werden.

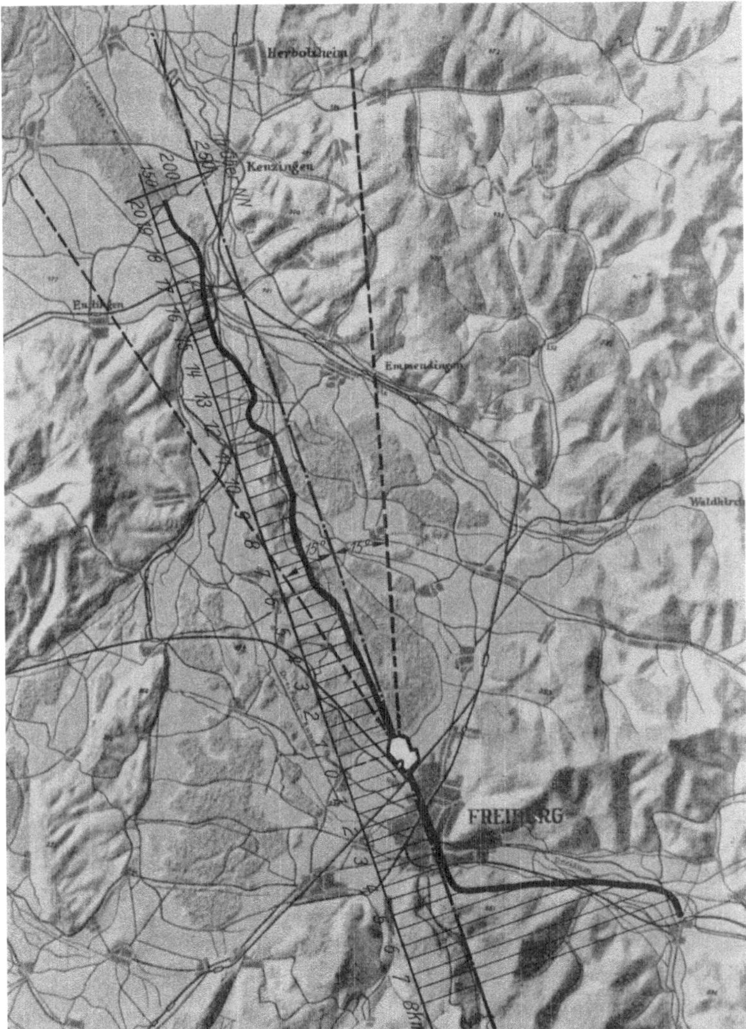

Abb. 30. Vorschlag für eine Anflugsektorkarte mit eingezeichnetem Höhenprofil unter Benutzung einer ebenen Hochbildkarte der Fa. K. Wenschow, München.

Es wird jetzt die Annahme gemacht, daß der Bereich, in dem die Anzeige des Abtasthöhenmessers willkürlich auf Grund der topographischen Verhältnissen schwanken darf, ± 10% der jeweiligen Flughöhe sein kann. Dies entspricht praktisch einer Anzeigeungenauigkeit des Höhenmessers gleicher Größe, die man ohne Beeinträchtigung der Navigationsmöglichkeiten nach dieser

Höhenanzeige wohl zulassen kann. Aus der Darstellung des Landevorgangs nach Abb. 32 ergibt sich, daß das Flugzeug in einer Entfernung von etwa 1500 m vor der Rollfeldgrenze eine Flughöhe von 50 m über Grund erreicht hat. Unter der Voraussetzung eines gradlinigen Flugweges

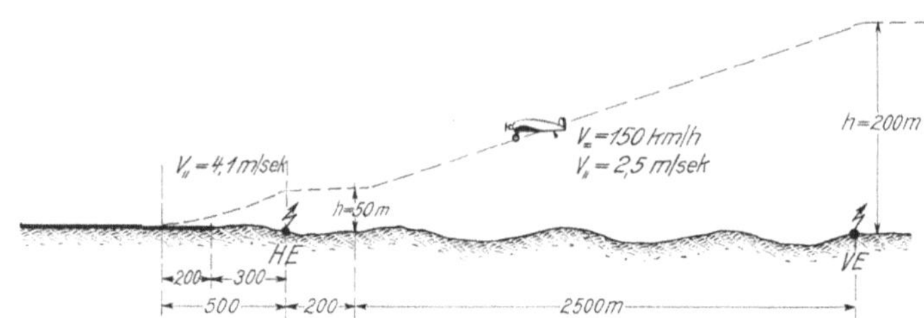

Abb. 31. Darstellung des derzeitig üblichen Landevorgangs bei Schlechtwetterlagen.

bis zur Rollfeldgrenze ergeben sich für jeweils ± 10 % von der Flughöhe zuzulassende Unebenheit des Erdbodens die in Abb. 33 dargestellten Verhältnisse.

Der Bereich in den Anflugsektoren und in der Hauptlandebahn, in dem eine Begrenzung der

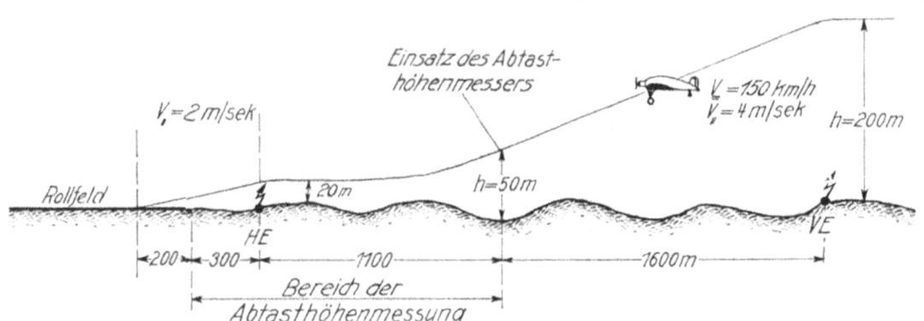

Abb. 32. Darstellung des Landevorgangs bei Benutzung eines Abtast-Höhenmessers.

Niveauunebenheiten verlangt werden muß, erstreckt sich unter den vorgenannten Annahmen bis auf eine Ausdehnung von 1,5 km von der Rollfeldgrenze, wobei die zulässigen maximalen Schwankungen des Geländeprofils mit Annäherung an die Rollfeldgrenze immer kleiner werden müssen.

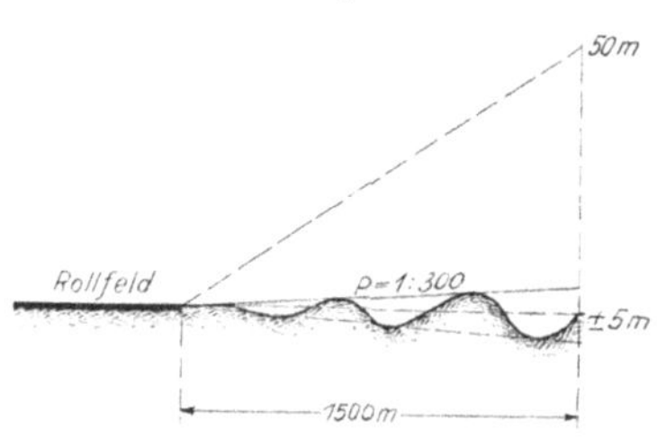

Darstellung der zulässigen topographischen Unebenheiten der Schlechtwetterlandebahn.

Betrachtet man unter diesem Gesichtspunkt das Vorgelände einiger beliebig herausgegriffener Flughäfen auf der Grundlinie des Hauptanflugsektors (Abb. 34), so kann man aussagen, daß die Höhenprofile der Flughäfen D, E und F für die Anwendung eines Abtast-Höhenmessers ohne weiteres brauchbar sind. Die Flughäfen G und H dürften zur Blindlandung nur von der linken Seite der Abbildung brauchbar sein, da auf der anderen Seite die topographische Zerklüftung erhebliche Werte aufweist. Inwieweit bestimmte markante Geländeabschnitte zu einer charakteristischen Kennung (Springen in der Höhenanzeige beim Überfliegen eines Tales) für den Anflug eines Hafens benutzt werden können, bleibt der Erfahrung vorbehalten. Andererseits erschwert die Lage eines Rollfeldes hart an einem Hange (Flughäfen C und H) Schlechtwetterlandungen von der Hangseite her wegen der dort herrschenden Aufwinde (Wirbel) meist erheblich, weshalb auch aus diesem Grunde bei der Planung eines Flughafens auf das Anschwebegelände Rücksicht genommen werden muß.

D. Schlußfolgerungen.

Im Gegensatz zu einer durch eine Landefunkfeueranlage geleiteten Horizontalnavigation ist die Bewegungsführung eines Flugzeugs in der Vertikalen beim Anflug und Landevorgang an sich schwieriger und auch zur Zeit nicht befriedigend gelöst.

Erfolgversprechend ist z. B. die Schaffung eines durch funktechnische Einrichtungen im Raum festgelegten gradlinigen Gleitwegs. Hierbei wird jedoch von seiten des Flughafenbaues die Forderung gestellt, daß für das einwandfreie Zustandekommen eines Gleitwegs vom Standpunkt des Hochfrequenztechnikers an die topographischen und physikalischen Verhältnisse des Flughafens keine größeren Bedingungen erhoben werden dürfen, als sie sich bereits für die Technik des Ansteuerungssenders zur Horizontalnavigation ergeben haben.

Die bisherigen Flugzeugkonstruktionen sind für die bei einer Blindlandung zu lösenden Aufgaben nicht ausreichend geeignet. Hier kann ein Beitrag zum Fortschritt in der Entwicklung des Luftverkehrs von seiten des reinen Flugzeugbaus geleistet werden, um so mehr als sich dieser in das allgemeine Entwicklungsprogramm auch aus anderen Gründen einpaßt.

Zur Verbesserung der Vertikalnavigation beim eigentlichen Landevorgang muß, unabhängig von der Entwicklung funktechnischer Gleitwegverfahren, ein die Flughöhe über Grund anzeigender Höhenmesser eingeführt werden, der einen Meßbereich von wenigstens 0—50 m haben muß. Eine betriebsreife Konstruktion liegt zur Zeit nicht vor. Jedoch kann mit der Einführung von nach verschiedenen Verfahren arbeitenden Abtast-Höhenmessern in absehbarer Zeit gerechnet werden.

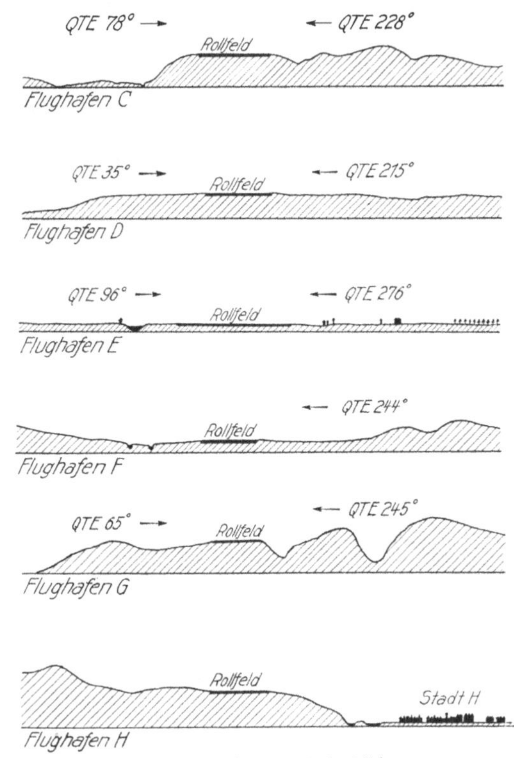

Abb. 34. Geländequerschnitte in der Hauptanflugrichtung.

Es ergeben sich alsdann gewisse Anforderungen an die topographische Gestaltung des Flughafenvorgeländes in den Anflugsektoren und in der Hauptlandebahn, die im Rahmen der Gesamtaufwendungen der Bodenorganisation zum erfolgreichen Einsatz dieser Höhenmesser erfüllt werden müssen.

3. Die Unterstützung des Landevorganges durch Kennzeichnung (Befeuerung) der Schlechtwetterlandebahn.

Solange eine Schlechtwetterlandung noch nicht vollständig selbsttätig durchführbar ist, müssen durch möglichst vielseitige sonstige Hilfsmittel dem Flugzeugführer Anhaltspunkte zur sicheren Navigation bei Anflug und Landung gegeben werden, so daß insbesondere bei der Landung Verhältnisse vorliegen, die angenähert dem Zustand mit guter oder hinreichender Sicht entsprechen. Aus diesem Grunde haben sich im Laufe der Zeit aus der allgemeinen Kennzeichnung eines Flughafens für den Tages- und Nachtluftverkehr besondere Kennzeichnungen für die Flächen der Be-

wegungsvorgänge erster Ordnung zur Unterstützung des Schlechtwetterlandebetriebes entwickelt,
die durch Art und Wirkung von der sonstigen Kennzeichnung des Flughafens unterschieden werden
können. Auf eine ausführliche Diskussion aller Vorschläge muß im Rahmen dieser Arbeit verzichtet
werden. Die Darstellung beschränkt sich auf die wichtigsten der in Deutschland nach Richtlinien
der Reichsflugsicherung in der Einführung befindlichen Kennzeichnungen.

A. Tageskennzeichnung der Hauptlandebahn.

Bei Starts und Landungen muß dem Flugzeugführer bei schlechten Sichtverhältnissen am
Tage ein Anhalt darüber gegeben wer-
den, an welcher Stelle der Hauptlandebahn er sich befindet. Da sich Bodenfeuer hierfür im allgemeinen nicht eignen,
werden sog. Sichtzeichen im Erdboden
eingelassen. Die Anordnung der Sichtzeichen auf einem Rollfeld zeigt Abb. 35a.
Die Sichtzeichen haben Pfeilform und
bestehen aus Beton, Formsteinen oder
Platten. Sie haben eine Länge von 4 m
und mehr. Die Winkelstellung der Pfeilspitze zur Pfeilrichtung ist von der
örtlichen Lage im Rollfeld abhängig. Von
450 m vor der Mitte der Hauptlandebahn
ändert sich der Winkel mit je 15°, bis in
der Mitte ein Winkel von 90° erreicht ist.
Von hier ab bis zur gegenüberliegenden
Rollfeldgrenze wiederholen sich die Pfeile
sinngemäß.

Im allgemeinen genügt — was auch
für die Befeuerung der Landebahn gilt —
die Kennzeichnung der Mittellinie und
der rechten Begrenzungslinie der eigentlichen Landebahn. Im gleichen Sinne ist
bei der Kennzeichnung einer befestigten
Landebahn zu verfahren. Bei einer Ausführung gemäß Abb. 35a haben die seit-

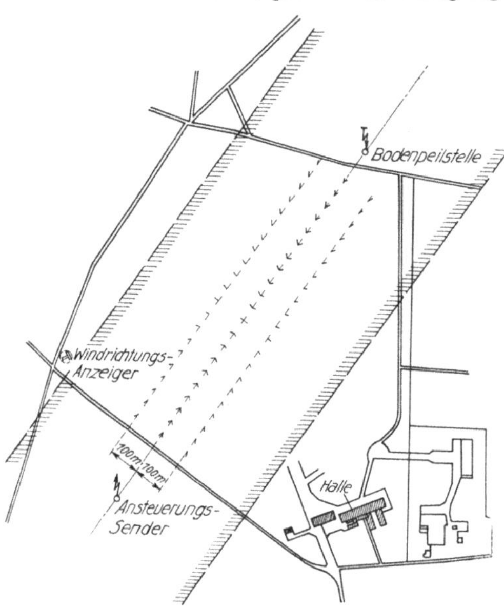

Abb. 35a. Tageskennzeichnung der Hauptlandebahn
(Sichtzeichen in Pfeilform).

lichen Reihen nur je eine halbe Pfeilspitze, die sich jeweils an der Außenseite der gekennzeichneten
Bahn befindet.

B. Befeuerung der Hauptlandebahn.

Die Übertragung dieser Verhältnisse auf die Nachtkennzeichnung (Befeuerung) ergibt die gleiche
Anordnung von im Rollfeld eingebauten, überrollbaren Bodenfeuern[1], wie sie Abb. 35b zeigt. Die
Feuer brennen als Festfeuer und sind entsprechend der üblichen Anordnung des mit Sturmlaternen
dargestellten Leuchtpfades in der Ausschwebestrecke grün und in der Ausrollstrecke rot gefärbt.
Zur Umschaltung auf zwei Landerichtungen müssen die farbigen Bodenfeuer stets doppelt vor-
handen sein. Der Mittelteil als eigentliche Landestrecke ist weiß. Die Mitte des Rollfeldes ist in
allen Reihen durch zusätzliche um das Mittelfeuer in Kreuzform angeordnete weiße Bodenfeuer
kenntlich gemacht. Eine Anzeige über die Annäherung an die Mitte, wie bei der Pfeilform der
Tagessichtzeichen ist jedoch nicht vorhanden. Diese Feuer können auch zur Kennzeichnung der
Begrenzung befestigter Start- und Landebahnen benutzt werden.

---

[1] v. Bormann: Kennzeichnung der Schlechtwetterlandebahn der Verkehrsflughäfen durch Einbau von Bodenfeuern sowie Tageszeichen. Draht u. Aether Nr. 8 S. 176, 1938.

Die sonstigen bei Dunkelheit angewendeten Hilfsmittel zur Kennzeichnung des Rollfeldes wie z. B. Landebahnscheinwerfer[1], die unter flachen Abstrahlwinkeln einen Teil des Rollfeldes aus-
leuchten, sind nur bei gutem Wetter be-
nutzbar. Bei Regen und insbesondere
bei Nebel tritt eine Aufhellung der in
der Luft befindlichen Feuchtigkeits-
teilchen auf, die eine solche Eigenstrah-
lung und damit eine Blendung — auch
gegen die Strahlrichtung der Leuchte —
hervorrufen, daß man von einer Verwendung dieser Einrichtungen für die
Zwecke der Schlechtwetterlandung ab-
sehen muß. Dies entspricht der bekannten Unmöglichkeit der Benutzung
heller Scheinwerfer im Kraftfahrzeug
bei Fahrten im Nebel. Diese Lande-
bahnleuchten werden also zunächst nur
nach den Erfordernissen, wie sie sich aus
den allgemeinen meteorologischen Umständen für Landung bei Dunkelheit ergeben, aufzustellen sein. Insofern sie
auch für eine Beleuchtung in Richtung
der Hauptlandebahn in Frage kommen,
muß ihr Standort so gewählt werden,
daß die im allgemeinen 5—7 m hohe
Leuchte nicht eine Behinderung für
einschwebende Flugzeuge darstellt. In
solchen Fällen ist die Verwendung in den
Erdboden versenkbarer Leuchten trotz
des erhöhten Aufwandes vorzuziehen.

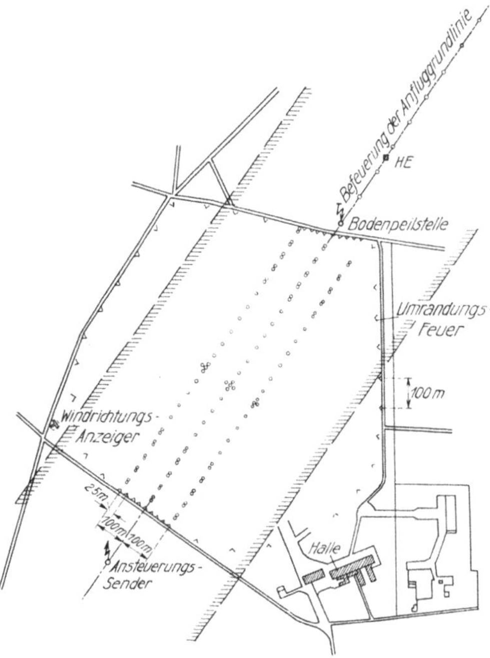

Abb. 35b. Befeuerung der Anfluggrundlinie und der Hauptlandebahn.

C. Befeuerung im Anflugsektor.

Es hat sich als sehr zweckmäßig erwiesen, den befeuerten Leuchtpfad der Hauptlandebahn auf eine bestimmte Strecke des Anflugsektors auszudehnen, um dem anschwebenden Flugzeug bei gewisser Vertikalsicht eine Hilfe für Horizontal- und Vertikalnavigation zu geben (Abb. 36).

Auf der Grundlinie werden daher vom Voreinflugzeichen bis zum Rande des Rollfeldes in Ab-
ständen von 100 m Schweinwerfer mit großer Seiten- und Höhenstreuung aufgestellt, die entgegen der Anflugrichtung strahlen. Um eine Verwechslung mit der Beleuchtung von Straßenzügen usw. zu vermeiden, gibt man diesen Scheinwerfern, die als Festfeuer brennen, eine Farbkennung, z. B. durch Benutzung von Quecksilberdampfleuchten.

Zur erleichterten Auffindung des Beginns der befeuerten Strecke einerseits und im Sinne eines optischen Einflugzeichens andererseits wird der Anfang der befeuerten Grundlinie im allgemeinen durch zwei gleichgängige stärkere Drehscheinwerfer gekennzeichnet. Die Rollfeldgrenze kann ebenfalls durch zwei besonders gehaltene Torfeuer dem einschwebenden Flugzeug wahrnehmbar gemacht werden.

Zur Zeit sind die Befeuerungseinrichtungen der Grundlinie genau auf der Grundlinie angebracht und haben sich für die Zwecke der Schlechtwetterlandung bewährt.

Es kann angenommen werden, daß in Zukunft bei der Einführung von Landeverfahren unter Benutzung von Kurssteuerung und Gleitweg die Maßnahmen zur Kennzeichnung von Anflugsektor

---

[1] van Heel: Beleuchtung und Befeuerung von Flugplätzen. Philips' techn. R. Nr. 4 S. 97, 1939 und Höpke: Landebahnbeleuchtung. Das Licht Nr. 5 S. 144, 182 u. 202. 1935.

und Hauptlandebahn keinesfalls hinfällig werden. Sie übernehmen die Aufgaben einer zusätzlichen Kontrolle für die Sicherheit des Landevorgangs. In diesem Falle wird wohl eine seitliche Versetzung der Festfeuer im Anflugsektor auf den Schenkel eines Winkels, der entsprechend dem halben

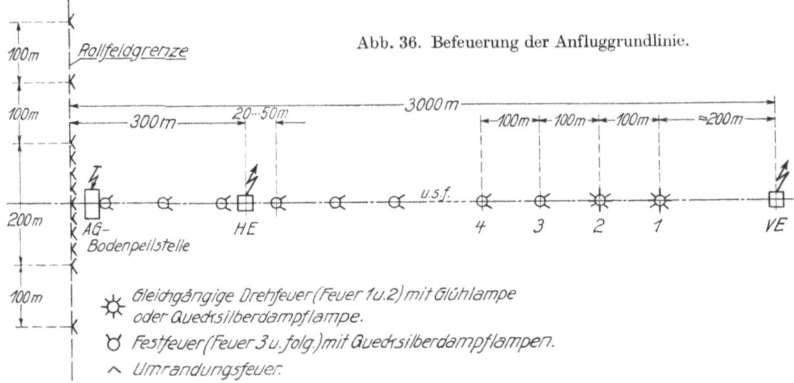

Abb. 36. Befeuerung der Anfluggrundlinie.

Winkel des Dauerstrichsektors der Landefunkfeueranlage um ein oder zwei Grade zur Grundlinie verdreht ist, zweckmäßig, weil so der den Landevorgang überwachende Flugzeugführer eine bessere Schätzungsmöglichkeit für die Vertikalnavigation bekommt.

III. Der Einfluß sonstiger Faktoren auf die Gestaltung der Schlechtwetterlandebahn.

Durch die große räumliche Ausdehnung einer Schlechtwetterlandebahn und durch die Notwendigkeit, die entsprechenden flugsicherungstechnischen Einrichtungen — insbesondere die Einflugzeichensender und die Zielflug- und Markierungssender — an der richtigen Stelle und unter günstigen elektrischen Abstrahlungsverhältnissen aufzustellen, ergeben sich stets bestimmte Forderungen, die sich auf die Festlegung der Grundlinie und somit auf die Gestaltung des Rollfeldes und der Hauptlandebahn auswirken[1]. Aber nicht nur die flugsicherungstechnischen Erfordernisse sind allein maßgebend. Es spielen noch weitere Faktoren eine Rolle, die ihrerseits bereits grundsätzlich die Gestaltung eines Flughafens und damit auch seine Leistungsfähigkeit für Schlechtwetterlagen grundlegend beeinflussen. Diese Faktoren sind:

1. die klimatischen und topographischen Verhältnisse im Flughafennahbereich,

2. die flugbetrieblichen Verhältnisse, die allerdings nur dann in Erscheinung treten, wenn ein oder mehrere fliegerisch und schlechtwetterlandemäßig gleichwertige Flughäfen dem zu betrachtenden Flughafen unmittelbar benachbart sind.

Eine ausführliche Untersuchung der klimatischen und topographischen Einflüsse auf die Gestaltung eines Flughafens hat Rapp[2] durchgeführt, so daß an dieser Stelle nur zu untersuchen bleibt, in welchem Umfange für die Leistungsfähigkeit des Flughafens bei Schlechtwetterlagen noch zusätzliche Forderungen gegenüber den allgemein als wichtig erkannten Grundsätzen auftreten.

1. Die klimatischen und topographischen Verhältnisse auf dem Flughafen und im Flughafennahbereich.

A. Die klimatischen Einflüsse.

Die klimatischen Einflüsse innerhalb der Flughafenzone sind durch die Luftdichte, Wind- und Niederschlagsverhältnisse einerseits und durch Nebenläufigkeit, Wolkenhöhe und Bedeckung des

---

[1] Zetzmann: Flugsicherung und Nachbarrecht an Flughäfen. Draht u. Aether Nr. 8 S. 169, 1938.
[2] Dissertation, T. H. Stuttgart 1938.

Himmels andererseits zu charakterisieren. Die meteorologischen Zustände der ersten Gruppe üben einen grundsätzlichen Einfluß auf die Beschaffenheit und Leistungsfähigkeit des Flughafens — bei jeder Wetterlage — aus, während dagegen die zweite Gruppe ein spezifisches Kriterium für die Leistungsfähigkeit des Flughafens bei schlechtem Wetter bildet.

Es ist ohne weiteres klar, daß beim Ausbau einer Schlechtwetterlandebahn eines bestehenden Flughafens diese klimatischen Einflüsse nicht mehr geändert werden können. Um so mehr ist es aber notwendig, bei Planung und Neubau eines Flughafens auf ihre Bedeutung Rücksicht zu nehmen. Es empfiehlt sich, bei der Planung für einen Flughafen die sich aus den verkehrspolitischen, topographischen, flugsicherungstechnischen und sonstigen Erfordernissen ergebenden günstigsten Gelände der engeren Wahl auch einer genauen klimatischen Untersuchung zu unterziehen, wobei, sofern die Herrichtungskosten und sonstigen Beschaffenheiten der Gelände es zulassen, dem Gelände mit den günstigsten klimatischen Verhältnissen in bezug auf Nebelhäufigkeit, Wolkenhöhe und Bedeckung ohne Zweifel der Vorzug zu geben ist.

Bei dieser Untersuchung ist auf einen besonderen Punkt aufmerksam zu machen.

Mit Rücksicht auf die Sicherheit des Landevorganges, insbesondere bei schlechtem Wetter, wird die Hauptlanderichtung möglichst entgegen der Hauptwindrichtung angelegt. Für die Beurteilung der Windverhältnisse wird das Winddiagramm des betreffenden Ortes unter einer bestimmten Auswertung zugrunde gelegt[1]. Hierbei erfolgt jedoch keine Berücksichtigung des Auftretens der Windhäufigkeit bei bestimmten Schlechtwetterlagen. Es wird also bei der Anlegung eines neuen Flughafens grundsätzlich notwendig, die Hauptlanderichtung nicht nur allein nach der größten prozentualen Windhäufigkeit an sich, sondern unter Berücksichtigung der Schlechtwetterlagen (Nebelhäufigkeit) festzulegen.

B. Die Einflüsse der Topographie des Flughafens und des Flughafennahbereichs.

Die topographischen Verhältnisse sind gleichermaßen von Einfluß auf die Gestaltung des Flughafens wie die klimatischen. Auch sie spielen besonders für die als bevorzugte Anflugrichtung bei schlechtem Wetter vorgesehenen Bereiche in der Flughafenzone eine besondere Rolle. Ihre gestaltende Kraft ist insofern von geringerer Wertigkeit als eine gewisse Änderung der Topographie u. U. mit tragbarem Aufwand möglich ist.

Die topographischen Einflüsse sind etwa folgendermaßen charakterisiert:

1. Die Neigungsverhältnisse des Rollfeldes bestimmen die notwendigen Längenabmessungen für den Start und Landevorgang. Mit Rücksicht auf die erschwerten Landeverhältnisse bei Schlechtwetterlagen und die Notwendigkeit, heutzutage Blindlandungen noch als sogenannte „Motor-" landungen auszuführen, wird im allgemeinen in Richtung der Grundlinie der Schlechtwetterlandebahn auch die größte Rollfeldabmessung des gesamten Rollfeldes festzulegen sein. Da in den meisten Fällen die Hauptlandebahn in beiden Richtungen benutzt wird, ist im allgemeinen keine Neigung des Rollfeldes in Richtung der Grundlinie erwünscht. In Fällen, wo aus bestimmten Gründen ein Anflug nur aus einer Richtung stattfinden kann, wird ein gewisses Ansteigen des Rollfeldes in der Landerichtung zweckmäßig sein. Eine zu starke Ausnutzung dieses Faktors zur Verkürzung des Ausrollens bei der Landung wird jedoch mit Rücksicht auf die Verhältnisse beim Start nicht erzielbar sein. Im allgemeinen kann eine Neigung von 1 : 100 als zulässig angesehen werden.

Auch die Bodenbeschaffenheit in der Hauptlandebahn spielt für die Sicherheit der Landung und die Möglichkeit guter Bremsung eine Rolle, weshalb besonders in der Hauptlandebahn mit der Anlegung einer befestigten Rollbahn zu rechnen sein wird. So ist z. B. bereits auf dem Flughafen Amsterdam eine Rollbahn in Richtung der Grundlinie der Landefeueranlage gelegt (Abb. 37). Die Breite von befestigten Rollbahnen beträgt im allgemeinen 40—60 m. Die Mindestbreite einer befestigten Bahn in Richtung der Hauptlandebahn bei Vorhandensein einer Landefunkfeueranlage ist noch nicht abschließend festgesetzt worden. Sie wird jedenfalls am Aufsetzpunkt um einen gewissen Betrag breiter sein müssen als die Dauerstrichbreite des Leitstrahlsenders an diesem Punkt, so daß nach den bisherigen Erfahrungen wohl mit einer Breite von 100—120 m, je nach der Länge

---

[1] Pirath: Die Flughäfen im Raumsystem der Luftverkehrsnetze. Forsch.-Erg. V.I.L. Heft 11. Berlin 1937.

der Hauptlandebahn, gerechnet werden muß. Es muß aber an dieser Stelle stets darauf geachtet werden, daß durch die Art der Rollbahnen (Eisenbeton usw.) nicht Verhältnisse entstehen, die Störungen in die Wellenausbreitung der Landefunkfeueranlage bringen können (vgl. Kap. II, 1, C.).

2. Die Oberflächengestaltung der näheren Rollfeldumgebung ist in der Hauptlandebahn und den Anflugsektoren gegenüber den Verhältnissen bestimmter anderer Landerichtungen, die sich aus dem Winddiagramm gleichfalls als bevorzugt ergeben, von erhöhter Bedeutung. Sowohl natürliche wie künstliche Hindernisse müssen in dieser Richtung aus fliegerischen Gründen vermieden werden, andererseits geht auch durch die Verwendung von Abtast-Höhenmessern, wie bereits an anderer Stelle gezeigt wurde, die topographische Gestaltung unmittelbar in die Leistungsfähigkeit des Flughafens ein. Auf die Veränderung der Windverhältnisse bei stark zerklüftetem Gelände und auf eine mögliche Thermik durch natürlichen Bewuchs oder künstliche Anlagen war gleichfalls hingewiesen worden.

3. Die weitere Rollfeldumgebung übt je nach Entfernung, Form und Art ebenfalls einen Einfluß auf die Festlegung der Schlechtwetterlandebahn aus. Hierbei ist für den Schlechtwetteranflug zu berücksichtigen, daß die für den Anflug zu stellenden navigatorischen Aufgaben

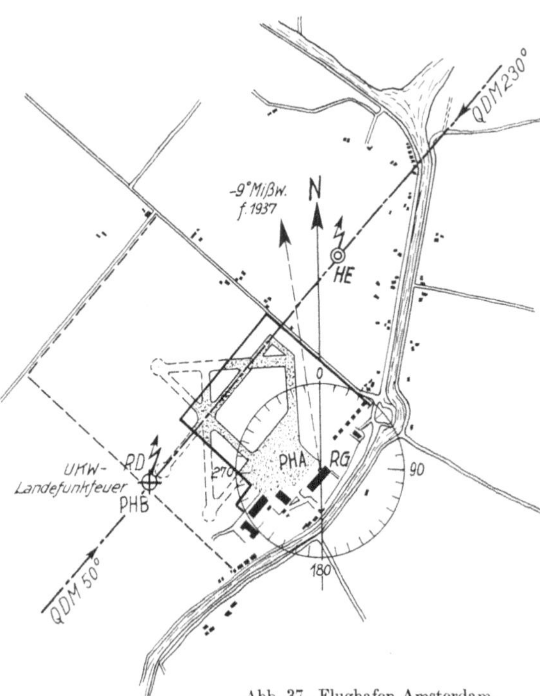

Abb. 37. Flughafen Amsterdam.

die Leistungsfähigkeit des Flugzeugs im Blindflug nicht übersteigen dürfen, daß z. B. nicht zu große Hindernisse beim Anflug überwunden werden müssen, die nach Überfliegung, selbst wenn sie z. B. durch ein besonderes Markierungsfunkfeuer eindeutig gekennzeichnet sind, zu große Sinkgeschwindigkeiten zur Erreichung des Flughafens notwendig machen.

2. Einflüsse des Flugbetriebes bei eng benachbarten Flughäfen.

Bei Vorhandensein zweier Flughäfen in geringem Abstand oder gar Anhäufung mehrerer Flughäfen in einem engen Bereich ist die Festlegung der Schlechtwetterlandebahn eines Flughafens von der Hauptanfluggrundlinie des einen oder der anderen abhängig. Es muß daher aus Gründen der fliegerischen Sicherheit vermieden werden, daß sich die Anfluggrundlinien zweier Flughäfen von gleichem flugbetrieblichen Wert bereits in der Nähe der beiden Flughäfen überschneiden.

Der Grund hierfür ist folgender:

Die Kontrolle der Bewegungsvorgänge (siehe auch V, 2, B) ist im Flughafennahbezirk getrennt von der auf der Strecke. Da jeder Flughafen zunächst nur die Kontrolle der Bewegungsvorgänge in seinem Nahbezirk (Flughafenzone) durchführt, ist eine hinreichend sichere Überwachung von Anflügen zweier benachbarter Flughäfen nicht in dem Maße möglich, als es die Sicherheit bezüglich der Zusammenstoßgefahr erfordert. Aus diesem Grunde wird im allgemeinen die Forderung gestellt, daß sich Anfluggrundlinien zweier benachbarter Flughäfen nicht dichter als 30 km vor beiden Flughäfen überschneiden, damit die Kontrolle der Bewegungsvorgänge noch Aufgabe der den Bezirksverkehr leitenden übergeordneten Stelle wird. Daß die den Flugverkehr der einzelnen Flughäfen leitenden Steuerstellen (Bodenpeilstellen bzw. Kontrollzentralen) untereinander mit Fernsprechverbindungen in engstem Nachrichtenverkehr stehen müssen, ist grundlegende Forderung der Flugsicherungstechnik. Ist aus bestimmten Gründen eine näher gelegene Überschneidung von Anfluggrundlinien benachbarter Flughäfen als z. B. 30 km von jedem Flughafen notwendig, so ist beim heutigen Stande der Technik die Zusammenstoßgefahr nur durch entsprechend gefaßte Vorschriften für die betriebliche Regelung des Luftverkehrs im Bereich dieser beiden Flughäfen möglich. In der Praxis ist daher zur Zeit das Verfahren üblich, den Anflug eines Hafens solange zu sperren, bis das den anderen Hafen anfliegende Flugzeug wirklich gelandet ist. Dies bedeutet eine Einschränkung der verkehrsmäßigen Entwicklung, die aber kaum durch entsprechende flugsicherungstechnische Maßnahmen gemildert oder gar überwunden werden kann. Aus diesem Grunde ist eine nahe zu einem Flughafen gelegene Überschneidung einer Grundlinie mit der eines anderen Hafens zu vermeiden, es sei denn, daß einer der beiden Häfen aus irgendwelchen Gründen an sich nicht bis zum höchsten Maße für Schlechtwetteranflüge ausbaufähig ist und in Zukunft auch nicht werden wird.

3. Gesetzliche Vorschriften.

Während in Deutschland auf eine Staffelung von Flughäfen bestimmter Größenordnungen neuerdings verzichtet wird — nach LuftVO. § 26 wird nur noch zwischen Verkehrsflughäfen und Sonderflughäfen unterschieden —, sehen die Bauvorschriften der meisten Staaten für die Bemessung der Rollfelder noch eine Einteilung nach Klassen vor. Hierbei werden für die Berechnung der Rollfeldgröße bzw. der Hindernisse der Rollfeldumgebung gewisse Normalbedingungen zugrunde gelegt. Z. B. sind die Bedingungen für die Bemessung und Gestaltung von Flughafenanlagen, die von der schwedischen Luftfahrtverwaltung herausgegeben sind, in Tab. 2 zusammengestellt[1]. Sie unterschei-

Tabelle 2. Schwedische Richtlinien für die Anlegung von Verkehrsflughäfen.

Bestandteil des Flughafens	Flughafenklasse		
	A	B	C
1	2	3	4
Länge für mindestens 1 Rollbahn	1200 m [2])	800 m	meist 650 m
Breite für diese Rollbahn	300—500 m [2])	250 m	150 m
Länge der übrigen Rollbahnen mindestens	800 m	650 m	200 m
Breite der übrigen Rollbahnen mindestens	250 m	200 m	150 m
Hindernisfreie Zone außerhalb der Rollfeldgrenze bei der längsten Rollbahn	200 m	150 m	75 m
Bei den übrigen Bahnen	100 m	100 m	75 m
Für die hindernisfreie Zone außerhalb der Grenzen dürfen bei einem Steigwinkel von 1 : 20 im Umkreis von . .	600 m [2])	600 m	600 m
die höchsten Hindernisse innerhalb von 1300 m nicht übersteigen	30 m [2])	30 m	30 m
Anzahl der Start- und Landerichtungen (Anzahl der Bahnen)	8 (4)	8 (4)	6 (3)
Größter Winkel zwischen den Bahnen	45°	45°	60°
Größte Neigung des Rollfeldes	1 : 100	1 : 100	1 : 100
Größte Neigung außerhalb des Rollfeldes	1 : 70 [3])	1 : 70 [3])	1 : 70 [3])
Mindesttragfähigkeit des Bodens	3,5 kg/cm³	3,5 kg/cm³	3,5 kg/cm³

den drei verschiedene Klassen. Eine genaue Festsetzung besonderer Verhältnisse für Schlechtwetteranflüge und Landungen ist nicht getroffen. Die ausführenden Erklärungen geben nur an, daß, wenn der Flugbetrieb und vor allem eine Landung bei Schlechtwetterlagen durchgeführt werden soll, man eine größere Länge und auch größere Breite der Hauptlandebahn sowie eine größere Hindernisfreiheit in der Anflugrichtung als in der Tab. 2 angegeben, vorsehen muß. Eine Prinzipzeichnung für

---

[1] Nach Kungl. väg-och vattenbyggnadsstyrelsen, Meddelanden Fran Luftfartsmyndigheten, Nr. 4, 1938.
[2] Wenn ein Flugplatz, für den verschiedene Ausrüstungen für die Landung bei geringer Sichthöhe vorgesehen sind, mit dem erforderlichen technischen Ausrüstungen ausgebaut wird.
[3] In besonderen Fällen können größere Neigungen zugelassen werden.

die Höhenbegrenzung und Rollfeldbemessung eines Flughafens der Klasse A nach den schwedischen Vorschriften zeigt Abb. 38.

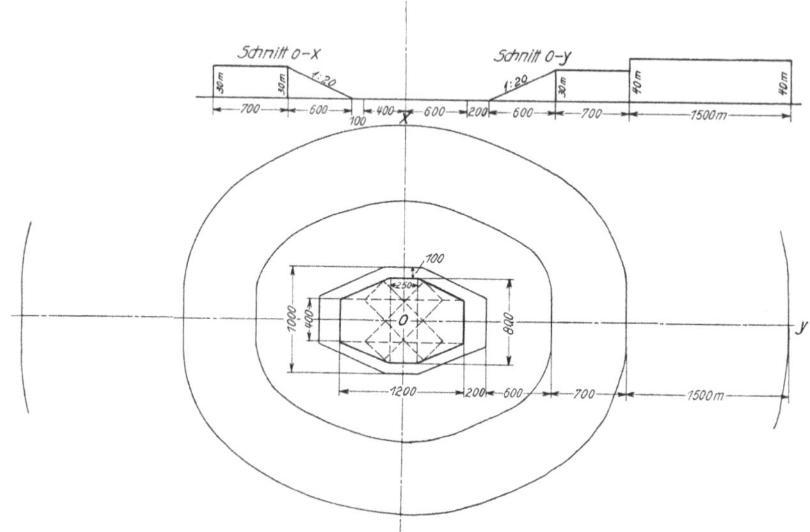

Abb. 38. Planungsgrundlage für große Flughäfen (Klasse A) (Schweden).

Auch in Deutschland waren nach dem Luftverkehrsgesetz vom 21. August 1936 und seinen Ausführungsbestimmungen (§§ 26—34 LuftVO. sowie „Vorschriften für Anlage und Betrieb von Flughäfen" gemäß § 119 LuftVO.) bisher nur allgemeine Vorschriften für die Gestaltung der Flughafenanlagen, der Rollfelder und der zulässigen Hindernisse im Flughafenbereich vorgeschrieben. Es war die Bedingung gestellt, daß das Rollfeld so groß und so gelegen sein müsse, daß Flugzeuge in allen Richtungen wenigstens 600 m rollen und sich anschliessend daran ungehindert im Winkel 1 : 15 erheben können.

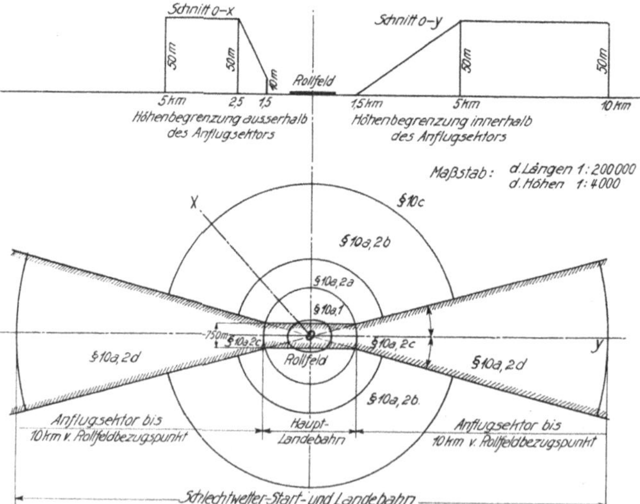

Abb. 39. Schematische Darstellung der Bauhöhenbegrenzung auf Flughäfen nach dem Ergänzungsgesetz zum Luftverkehrsgesetz (§ 10 a).

Durch das Gesetz zur Änderung und Ergänzung des Luftverkehrsgesetzes vom 27. September 1938 — mitunter auch Gesetz über „Nachbarrecht an Flughäfen" genannt — (RGBl. 1938 I, S. 1246) sind neuere Bedingungen, insbesondere für die Gestaltung des Flughafennahbereichs festgelegt worden, die den Bedürfnissen des Flughafens für den Schlechtwetterlandedienst gerecht werden sollen[1]. Hierbei sind Festsetzungen getroffen worden, die durch die Anforderungen der Flugsicherungstechnik begründet sind. Sie sollen nachstehend erläutert werden, wobei allerdings bezüglich der juristischen und verwaltungstechnischen Einzelheiten auf das Fachschrifttum verwiesen werden muß[2]. An dieser Stelle müssen wir uns mit der Feststellung begnügen, daß durch diese Neuregelung eine einheitliche Grundlage für den Umfang der Baufreiheit in der Nähe des Flughafens geschaffen wurde, so daß ein interessierter Grundeigentümer heute durch Rückfrage bei der zuständigen Baugenehmigungsbehörde leicht feststellen kann, ob und in welchem Umfang eine Baubeschränkung besteht.

Die wichtigste Bedeutung dieses Gesetzes für den Flughafenbau ist die Beschränkung der Bauhöhen in der Flughafenzone zur Sicherung der Luftfahrzeuge. Die grundsätzlichen Forderungen sind in den Abb. 39 u. 40 schematisch dar-

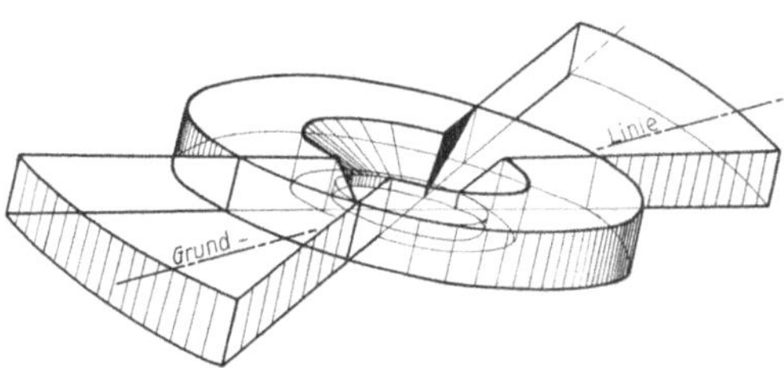

Abb. 40. Perspektivische Darstellung der Bauhöhenbegrenzung auf Flughäfen nach dem Ergänzungsgesetz zum Luftverkehrsgesetz (§ 10a).

gestellt, wobei Abb. 39 die Begrenzungsflächen im Auf- und Grundriß wiedergibt, während Abb. 40 die Verhältnisse räumlich darstellt.

Im folgenden soll auf die sich aus dieser neuen Gesetzesänderung und ihrer Ausführungsbestimmung — nach der Dienstvorschrift des Reichsluftfahrtministeriums: Richtlinien der Reichsflugsicherung für Planung und Bau von Schlechtwetterlandebahnen — ergebenden Grundsätze näher eingegangen und ihre Bedeutung für die Flughafengestaltung auseinandergesetzt werden.

A. Rollfeldbezugspunkt.

Da eine Höhenfestsetzung aus fliegerischen Gründen nur Sinn hat, wenn sie auf das Niveau des Rollfeldes bezogen ist, sind sämtliche Höhenbegrenzungen innerhalb der charakterisierten Bereiche als Höhen über Rollfeld angegeben. Der Ausgangspunkt für alle Betrachtungen ist der Rollfeldbezugspunkt (Rollfeldmittelpunkt), auf den alle Werte (Abstände und Höhen) bezogen werden. Der Rollfeldmittelpunkt muß daher für jeden Flughafen eindeutig festgelegt werden. Er muß so gewählt werden, daß er auch auf weite Sicht als sinnvoller Bezugspunkt gelten kann, wobei seine Bedeutung als geometrischer Mittelpunkt des Rollfeldes in den Hintergrund tritt. Dies ist besonders in den Fällen wichtig, wo mit einer künftigen Veränderung bzw. Vergrößerung des Rollfeldes gerechnet werden kann. Praktisch ergibt sich hierdurch der Vorteil, daß eine Veränderung der Rollfeldgrenze sich nicht mehr auf festgelegte Bauhöhen bzw. Zonen auswirkt und daher zu einer internen Angelegenheit des Flughafengestalters herabsinkt. Für die planvolle Gestaltung eines Rollfeldes steht nach dem Gesetz die Fläche eines Kreises mit 1,5 km Halbmesser um den Rollfeldbezugspunkt zur Verfügung. Innerhalb dieser Fläche dürfen Bauwerke über der Erdoberfläche nur mit Zustimmung des zuständigen Luftamts errichtet werden.

B. Anflugsektoren.

Die Anflugsektoren stellen nach dem Gesetz die Zonen größerer Baubeschränkung dar, die mit Rücksicht auf die fliegerischen Verhältnisse beim Blindanflug eines Flughafens mit anschließender Landung bzw. Blindstart gefordert werden müssen. Die Mittellinie der Sektoren wird als G r u n d l i n i e bezeichnet. Der durch die allgemeinen Bedingungen gegebenen Hauptanflugrichtung ist der Hauptanflugsektor (I. Anflugsektor) zugeordnet. Der Öffnungswinkel der Anflugsektoren beträgt 30° und wird durch die Grundlinie gehälftet. Aus fliegerischen Gründen sind auf jedem Rollfeld

---

[1] Zetzmann: Flugsicherung und Nachbarrecht an Flughäfen. Draht u. Aether Nr. 8 S. 169, 1938.
[2] Reymann: Baubeschränkung durch die Luftfahrt. Reichsverw.-Blatt Nr. 59 S. 889, 1938

möglichst zwei um 180° liegende Richtungen für die Anflugsektoren zu wählen. Die Grundlinie soll dabei durch den Rollfeldbezugspunkt gehen.

Die Höhenbegrenzung innerhalb der Schlechtwetteranflugsektoren beginnt in einer Entfernung von 1,5 km vom Rollfeldbezugspunkt mit der Höhe 0 und steigt auf die Höhe 50 in 5 km Entfernung vom Rollfeldbezugspunkt an (Neigungswinkel 1 : 70). Dies bedeutet, daß in der Hauptlanderichtung für fliegerisch störende Baulichkeiten (z. B. von etwa 10 m Höhe) bei einem Rollfeld von 1000 m Durchmesser bis zu knapp 2000 m Entfernung von der Rollfeldgrenze die Baugenehmigung erforderlichenfalls untersagt werden kann. Bei größeren Rollfelddurchmessern wird der Wert dieser Entfernung zwar kleiner, da die Höhenbegrenzung durch den einmal festgelegten Rollfeldbezugspunkt im Raum festliegt, jedoch wird diese Beschränkung durch die größere Rollfeldlänge praktisch aufgewogen. Diese Maßnahmen sind z. B. wichtig, um die topographische Gestaltung des Anflugvorgeländes, wie sie gemäß (II, 2, C.) u. U. erforderlich wird, im Interesse der Blindlandetechnik hinreichend zu beherrschen.

In einer Entfernung von 5—10 km vom Rollfeldbezugspunkt dürfen ferner Baulichkeiten ebenfalls nur bis 50 m über Rollfeldhöhe errichtet werden.

C. Bereich außerhalb der Schlechtwetteranflugsektoren.

Während die Baubeschränkungen innerhalb der Anflugsektoren mit Rücksicht auf die Erfordernisse bei der Blindlandung verhältnismäßig hoch sind, sind sie im Bereich außerhalb der Schlechtwetteranflugsektoren zugunsten der Bauwirtschaft gehalten. In 1,5 km Entfernung vom Rollfeldbezugspunkt kann bereits ein Bauwerk bei gleicher Geländehöhe bis zu 10 m Höhe grundsätzlich ohne Zustimmung der Luftfahrtverwaltung errichtet werden. Mit zunehmender Entfernung steigt die zulässige Höhe stetig linear an, so daß in 2,5 km Entfernung vom Rollfeldbezugspunkt bei gleicher Geländehöhe Bauten von 50 m Höhe über Grund ohne Zustimmung der Luftfahrtverwaltung errichtet werden können (Neigungswinkel 1 : 25). Die linear ansteigende Höhenbegrenzung um den Flughafen vermeidet die bei einer Höhenstaffelung zweifellos entstehende Härte und wird auch den fliegerischen Bedürfnissen in größerem Umfange gerecht.

D. Hauptlandebahn.

Ein bestimmter Teil des Rollfeldes wird zu beiden Seiten der Grundlinie als Hauptlandebahn für den Schlechtwetterflugbetrieb festgelegt. Sie ist das sich aus den Verbindungslinien der Schnittpunkte der Anflugsektoren mit dem Kreis von 1,5 km Halbmesser um den Rollfeldbezugspunkt ergebende Rechteck und hat die Ausmaße von 750 × 3000 m. Dies sind die größten erzielbaren Abmessungen der Hauptlandebahn.

Da zur Zeit des Inkrafttretens des Gesetzes bereits eine große Zahl von Flughäfen Hauptlandebahnen von geringerer Breite besaßen (vgl. Tab. 3), muß man zunächst mit einer geringeren Breite vorliebnehmen. Abb. 41 gibt ein Beispiel für eine Landebahn, die im ungünstigsten Querschnitt nur 600 m Breite hat, und zeigt, wie der Übergang von den Anflugsektoren auf die Hauptlandebahn in diesem Fall sich ergibt. Wo die Neugestaltungsmöglichkeiten eines Rollfeldes in der Zukunft es zulassen, sollte der Richtwert von 750 m Breite auch bei Aufwendung größerer Kosten im Interesse der Sicherheit des Luftverkehrs gefordert werden.

Tab. 3.

Abmessungen der Hauptlandebahnen verschiedener deutscher Verkehrsflughäfen (Stand 1. 1. 39).

Flughafen	Berollbare	
	Länge	Breite
1	2	3
Berlin	1200 (1700)	600
Breslau	1000 (1400)	450 (600)
Dresden	1200	700
Frankfurt a. M. (Rhein-Main)	1200 (1800)	750
Gleiwitz	900 (1200)	700
Halle-Leipzig	1100 (1600)	750
Hamburg	1000 (1500)	600
Hannover	1000 (1500)	500 (750)
Köln	1000 (1400)	700
Königsberg i. Pr.	1000 (1500)	600 (750)
Mannheim	1000	500
München-Riem	2000	650
Nürnberg	900 (1500)	750
Stettin	800 (1800)	600
Stuttgart Süd	1400 (1800)	700

Die eingeklammerten Zahlen geben die praktischen Möglichkeiten einer Erweiterung der Hauptlandebahn an, die z. T. auch schon in Ausführung begriffen ist.

Von der im Idealfall erreichten Breite einer Hauptlandebahn von 750 m ist in bezug auf die fliegerische Sicherheit der Betrag der Breite des Dauerstrichsektors abzuziehen, weil dieser Wert den Bereich der Streuung des Anflugkurses darstellt. Der Wert beträgt je nach der Lage des Ansteuerungssenders bei 5° Öffnungswinkel des Dauerstrichsektors etwa 100—150 m (Abb. 42). Ferner ist, wie bereits im Kapitel über die Horizontalnavigation auseinandergesetzt wurde, mit der Möglichkeit einer Kursversetzung durch Seitenwinde zu rechnen, weil die navigatorischen Hilfsmittel bei der Art der derzeitigen Vertikalnavigation beim Landevorgang noch nicht genügende Kursstabilität bieten. Hier ist es Aufgabe der Bodenorganisation, die Entwicklungsphase bis zum betriebsmäßigen Einsatz besserer und verfeinerter Bordgeräte durch geeignete hindernisfreie Rollfelder und Landebahnen zu überbrücken.

Als weitere Begründung für die Breite und Länge der Hauptlandebahn gilt die Notwendigkeit der ungestörten Wellenausbreitung des Ansteuerungssenders der Landefunkfeueranlage. Da innerhalb des Kreises von 1,5 km um den Rollfeldbezugspunkt (also auf dem Flughafen und in seiner unmittelbaren Umgebung) die Errichtung von Hochbauten von der Genehmigung der Luftfahrtverwaltung abhängig ist, wird es möglich, entsprechende störende Baulichkeiten gegebenenfalls zu verbieten. Andererseits bietet die Baubeschränkung auch die Möglichkeit, das Gelände um den Ansteuerungssender für die Ausbildung einer unbeeinflußten Reflexion in gewissem Umfang zu sichern.

Unter der Annahme einer Rollfeldlänge von beispielsweise 1500 m in der Hauptlandebahn (vgl. Tab. 2) bleiben zu beiden Seiten in der Grundlinie je 750 m, die in den Schutzbereich des Kreises

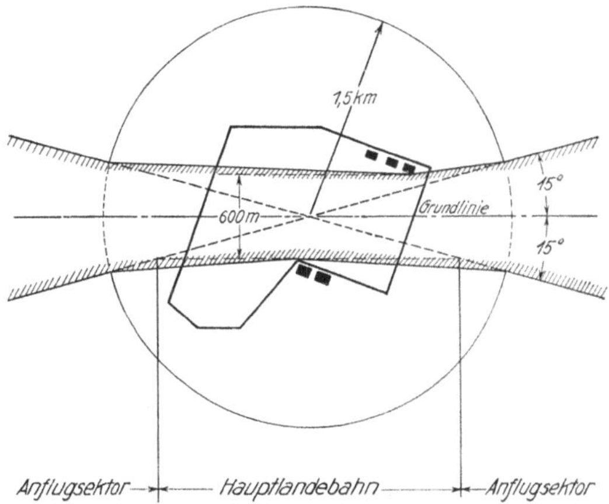

Abb. 41. Sonderfall einer Hauptlandebahn von 600 m Breite.

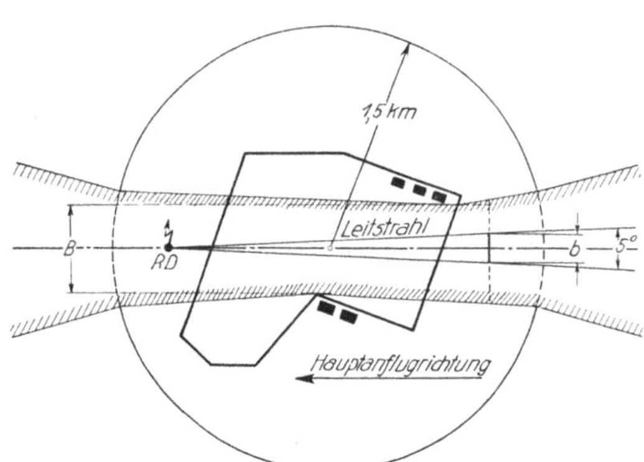

Breite der Hauptlandebahn B = 600 m   Breitenverlust b ≈ 150—200 m
je nach Lage des Ansteuerungsfunkfeuersenders

Abb. 42. Bedeutung der Leitstrahlbreite bei 5° Öffnungswinkel des Dauerstrichsektors für die wirksame Breite der Hauptlandebahn.

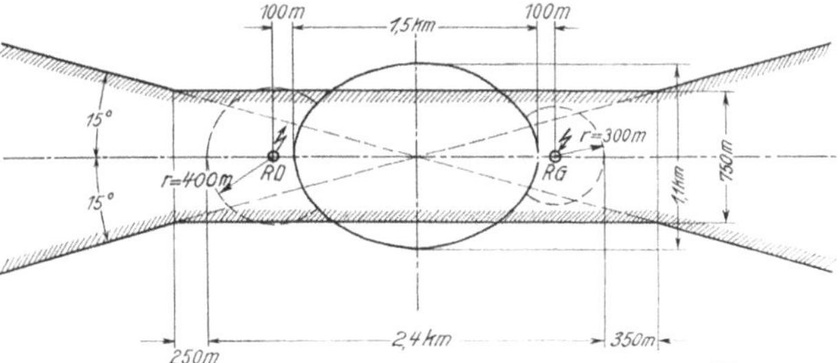

Abb. 43. Mindest-Schutzbereiche für Ansteuerungssender (RD) und Bodenpeilstelle (RG).

mit 3 km Durchmesser fallen. Diese beiden Flächen nehmen jeweils den Ansteuerungssender und meist auf der gegenüberliegenden Seite das Haus der Bodenpeilstelle auf, für die Schutzbereiche zu ihrem ungestörten Einsatz erforderlich sind (Abb. 43). In den sich an diese Bereiche anschließenden Anflugsektoren besteht durch die vom 1,5 km-Punkt in 0 m Höhe ansteigende Höhenbegrenzungslinie eine weitere fliegerische Sicherheit. Durch diese gesetzlichen Maßnahmen ist dem Flughafengestalter ein Mittel gegeben, die Anlage eines Flughafens unter Wahrung aller Gesichtspunkte zu gestalten, die für die sichere und regelmäßige Durchführung des Luftverkehrs besonders bei Schlechtwetterlagen von Bedeutung sind.

4. Schlußfolgerungen.

Neben den flugsicherungstechnischen Einflüssen, die bei der Gestaltung eines Flughafens an erster Stelle stehen sollen, spielen klimatische, topographische und flugbetriebliche Gesichtspunkte für die Anlage einer Schlechtwetterlandebahn gleichfalls eine Rolle. Die einzelnen Einflüsse können unter Umständen miteinander und zu den flugsicherungstechnischen Erfordernissen im Widerspruch stehen. Ihre Bedeutung muß daher in allen Fällen genauestens untersucht und ihr gestaltender Einfluß auf die Schlechtwetterlandebahn von den jeweils vorliegenden Verhältnissen abhängig gemacht werden. Die Vorschriften des Luftverkehrsgesetzes (§ 10a) und seine Ausführungsbestimmungen sichern in weitgehendem Maße die Belange des Flughafenbauers, die im Interesse der fliegerischen Sicherheit und der besonderen Bedürfnisse der Schlechtwetterlandetechnik gefordert werden müssen.

IV. Die Gestaltung des Flughafenbetriebsgebäudes auf Grund der flugsicherungstechnischen und allgemeinen fernmeldetechnischen Aufgaben.

Zu den Bestandteilen einer Schlechtwetterlandebahn muß nach dem heutigen Stande der Technik in gewissem Umfang die Bodenpeilstelle[1] gezählt werden. Sie spielt, wie bereits dargestellt wurde, im Schlechtwetterlandebetrieb eine zweifache Rolle. Sie ist Bezugspunkt für die Landungen nach dem ZZ-Verfahren, weshalb sie auf der Grundlinie im Hauptanflugsektor liegt und, vom flugbetrieblichen Standpunkt aus gesehen, das steuernde Hirn des Schlechtwetterlandebetriebes. Falls sie zugleich Leitstelle eines Flugsicherungsbezirks ist, ist sie für die Abwicklung des gesamten Luftverkehrs bei Schlechtwetterlagen innerhalb des ihr zugeteilten Flugsicherungsbezirks verantwortlich und muß die Kontrolle der Bewegungsvorgänge führen (vgl. Kapitel V „Kontrolle der Bewegungsvorgänge").

Solange die Schlechtwettervorschriften (QBI) noch nicht in Kraft gesetzt sind und besondere Flugsicherungsmaßnahmen nicht erforderlich werden, liegt die betriebsmäßige Betreuung des planmäßigen Luftverkehrs in den Händen der Flugbetriebsleitung der Luftfahrtgesellschaft. Der hierfür notwendige Nachrichtenverkehr über Start- und Landemeldungen usw. wickelt sich über das Fernschreibnetz der Reichsflugsicherung ab, das die Verkehrsflughäfen untereinander verbindet. Der — auch bei gutem Wetter — von den Verkehrsflugzeugen über die Bodenpeilstelle abgewickelte übliche Melde- und Nachrichtenverkehr wird bedarfsfalls der Flugbetriebsleitung zugestellt. Hierbei ist nur eine fernmündliche Verständigung wegen der abgelegenen Lage der Bodenpeilstelle möglich.

Der Flugbetriebsleiter der Deutschen Lufthansa wird in dem Augenblick, wo die verschärften Schlechtwettervorschriften (QBI) in Kraft gesetzt werden, zugleich für die Kontrolle der Bewegungsvorgänge verantwortlicher Peilflugleiter. Er muß alsdann seinen Arbeitsplatz in der Bodenpeilstelle einnehmen und wird dadurch in einem gewissen Umfang den Aufgaben der örtlichen Flugbetriebsleitung entzogen. Die räumliche Abtrennung der Bodenpeilstelle wirkt sich aus diesen beiden Gründen störend aus.

---

[1] Robra: Bodenpeilstellen der Reichsflugsicherung. ETZ, Nr. 58 S. 901, 1937.

Wenn man ferner bedenkt, daß die zweite große Nachrichtenzentrale auf einem Flughafen, die Fernmeldebetriebszentrale[1], wie die Flugbetriebsleitung sich im Flughafenbetriebsgebäude befindet, so ergeben sich bei der notwendigen engen Verflechtung aller an der Abwicklung des Luftverkehrs auf dem Flughafen beteiligten Stellen durch diese Zerreißung des Nachrichtenbetriebes in zwei Einheiten und ihre räumliche Trennung ohne weiteres technische und personelle Schwierigkeiten. Daß eine Vereinheitlichung aller flugsicherungstechnischen Einrichtungen, soweit sie den Flughafen betreffen, im Flughafenbetriebsgebäude bisher nicht möglich war, liegt in folgendem begründet: Das ungestörte Arbeiten von Peilgeräten erfordert einen Aufstellungsort, in dessen weiterer Umgebung sich keine elektrischen Störsender (allgemeiner elektrischer Störpegel) befinden und der nicht durch elektrische Rückstrahler (Funkbeschickung) beeinträchtigt wird.

Aus diesem Grunde und mit Rücksicht auf die navigatorischen Aufgaben beim ZZ-Verfahren wird als der geeignetste Ort für die Bodenpeilstelle ein freies Gelände an der Rollfeldgrenze in der entsprechenden Hauptlanderichtung angesehen. Die dadurch für die Dienststellen auf dem Flughafen entstehenden Erschwerungen mußten mangels besserer Lösungen in Kauf genommen werden.

Im Zuge des allgemeinen Fortschritts können aber in Zukunft die Betriebsabwicklung des Peilverkehrs und die mit ihnen verbundene Kontrolle der Bewegungsvorgänge in einen geeigneten Raum des Flughafenbetriebsgebäudes verlagert werden. Dies ist auch aus folgender Überlegung zu fordern:

1. Die Ablösung des ZZ-Verfahrens durch das Landeverfahren nach der Landefunkfeueranlage entbindet den Peilbetrieb von der Notwendigkeit, Peilungen und die Durchstoßsignale (Motorgeräusch und ZZ) von dem ausschließlich dafür in Frage kommenden Ort der Bodenpeilstelle bzw. des „ZZ-Standes" zu geben.

2. Durch Schaffung von Fernsteuerungen wird eine Verlegung der Peilarbeitsplätze usw. an einen geeigneten Ort im Flughafenbetriebsgebäude möglich. Die eigentlichen Peilgeräte verbleiben dabei an dem elektrisch günstigen Ort der Bodenpeilstelle und gestatten bei entsprechender Besetzung im Bedarfsfall nach wie vor etwa erforderliche Landungen nach dem ZZ-Verfahren.

Aus dieser Entwicklungsmöglichkeit ergeben sich neue Gesichtspunkte für die Gestaltung eines Flughafenbetriebsgebäudes unter Berücksichtigung dieser flugsicherungstechnischen Belange. Es wird auf diese Weise die Schaffung einer einheitlichen Flugsicherungs- und Nachrichtenstelle möglich, die in günstigster Weise nicht nur die Aufgaben der Kontrolle der Bewegungsvorgänge mit den Aufgaben der Flugbetriebsleitung in sich vereint, sondern auch eine klare und praktische Zusammenfassung der Steuerung aller den Flugbetrieb bei Schlechtwetterlage oder Nacht unterstützenden flugsicherungstechnischen Einrichtungen, wie Hindernisbefeuerung, Befeuerung der Landebahn usw. ermöglicht. Eine solche Zentrale, deren Schaffung auf deutschen Flughäfen bereits in Angriff genommen ist, wird entsprechend der Ausdrucksweise der Flugsicherungstechnik im Sinne ihrer beiden Hauptaufgaben als Kontroll- und Steuerzentrale eines Flughafens bezeichnet.

Da diese Kontroll- und Steuerzentrale in das Zusammenwirken der auf einem Flughafen an der flugbetrieblichen Abwicklung beteiligten Dienststellen eingegliedert werden muß, wird eine kurze Darstellung dieser Verhältnisse notwendig. Die nachrichtentechnischen Aufgaben und ihr Einfluß auf die zweckmäßige Unterbringung der einzelnen Dienststellen und die sich daraus ergebenden Gesichtspunkte für die Anlage eines Flughafenbetriebsgebäudes werden hierbei bevorzugt behandelt.

1. Die Zusammenarbeit der Dienststellen im Flughafenbetriebsgebäude.

Bekanntlich sind an der betriebs- und verkehrstechnischen Abfertigung von Luftfahrzeugen, Luftreisenden und Luftgütern auf einem Flughafen verschiedene Dienststellen beteiligt, die zur Erzielung einer zweckmäßigen Zusammenarbeit in einem Gebäude, dem Flughafenbetriebs- oder Abfertigungsgebäude — das häufig zu findende Wort Flughafenverwaltungsgebäude ist wenig zutreffend, da die Verwaltung des Flughafens an der Abwicklung des eigentlichen Betriebes nur wenig beteiligt ist — untergebracht sind.

---

[1] Hentschel: Fernmeldebetriebszentralen der Reichsflugsicherung. ETZ, Nr. 58 S. 898, 1937.

Auf deutschen Verkehrsflughäfen unterscheidet man folgende Stellen:

a) Luftverkehrsgesellschaft,
b) Flughafenleitung, die sich in
    Reichsluftaufsicht,
    Reichswetterdienst,
    Reichsflugsicherung gliedert.
c) Deutsche Reichspost,
d) Zollstelle (sofern Zollflughafen),
e) Flughafenverwaltung.

Über die Aufgaben der einzelnen Dienststellen sind bereits an anderer Stelle[1] Untersuchungen geführt und die Grundsätze für ihre Zusammenarbeit bezüglich der verkehrstechnischen Abfertigung erörtert worden.

Im folgenden soll daher nur der Zusammenhang zwischen Luftverkehrsgesellschaft und der Flughafenleitung unter dem Gesichtspunkt der betrieblichen Bedürfnisse bezüglich des Nachrichtenaustausches untersucht und die sich daraus ergebenden Gesichtspunkte für die Gestaltung des Flughafenbetriebsgebäudes aufgestellt werden.

Für die wirkungsvolle Arbeit der einzelnen Dienststellen der Luftaufsicht, des Reichswetterdienstes und der Reichsflugsicherung sowie auch der Luftverkehrsgesellschaft je für sich läßt sich ein bestimmter Plan aufstellen, nach dem die Betriebsräume angelegt und einander zugeordnet werden (Idealplan der Dienststellen). Für das zweckvollste Zusammenarbeiten der Dienststellen miteinander läßt sich ebenfalls ein Plan aufstellen, der in manchen Punkten mit der zweckmäßigsten Einzelgestaltung der Dienststellen im Widerspruch steht.

Die den betrieblichen Bedürfnissen am besten entgegenkommende bauliche Gestaltung eines Flughafenbetriebsgebäudes verlangt eine genaue Abwägung aller Faktoren, wobei trotz Anerkennung der repräsentativen und architektonischen Wünsche, die bei der Errichtung eines Flughafenbetriebsgebäudes entstehen, verlangt werden muß, daß sie gegenüber den betrieblichen Bedürfnissen der Zusammenarbeit der Dienststellen an zweiter Stelle berücksichtigt werden.

Abb. 44 zeigt in schematischer Form den Aufbau der einzelnen Dienststellen an sich. Die Darstellung erhebt keinen Anspruch auf Vollständigkeit bezüglich des Umfangs der einzelnen Dienststellen. Die Nebenräume sind je nach der Bedeutung des Flughafens bzw. der auf ihm benötigten Dienststellen verschieden und spielen für die vorliegende Untersuchung keine Rolle. In der Abbildung ist (1) die Luftaufsicht, von der nur die für die betriebsmäßige Abwicklung wichtigen Räume der Abfertigung (1a) vorgezogen sind, während die sonstigen Räume der Luftaufsicht bzw. Flughafenleitung mit dem Verkehrsbetrieb auf dem Flughafen nicht unmittelbar in Verbindung stehen. Sie können daher, wie es auch in der Praxis geschieht, an anderer Stelle im Gebäude untergebracht werden. Die Einheit (2) stellt schematisch die zweckmäßige Lage der wichtigsten Räume des Reichswetterdienstes dar. Unter ihnen steht der Raum der Wetterberatung vom betriebsmäßigen Standpunkt aus gesehen an erster Stelle. An ihn soll sich grundsätzlich der Raum, in dem die Wetterkarten gezeichnet werden, anschließen, da die Beratung der Flugzeugführer an Hand von Wetterkarten erfolgt.

In Fällen, wo noch weitere Wetterdienstzweige als der Flugwetterdienst auf dem Flughafen untergebracht sind (Wirtschaftswetterdienst, Klimawetterdienst usw.) sollen diese Dienststellen zweckmäßig mit den Betriebsräumen des Flugwetterdienstes sinnvoll in Zusammenhang gebracht werden. Ein absoluter Zwang besteht jedoch nicht, da sie für die luftverkehrlichen Belange ohne Bedeutung sind.

In Gruppe (3) ist der Aufbau der Reichsflugsicherung schematisch dargestellt. Der wichtigste Teil ist die Fernmeldebetriebszentrale, die mit der im Flughafenbetriebsgebäude in Zukunft zu errichtenden Kontroll- und Steuerzentrale des Flughafens eng verkoppelt werden muß.

---

[1] Gerlach: Die Ausgestaltung der Flughäfen in Abhängigkeit von den Flug- und Abfertigungsvorgängen. Forsch.-Erg. V.I.L. Heft 11. Berlin: 1937.

Die Fernmeldebetriebszentrale (*3a*) auf einem großen Verkehrsflughafen hat zwei Abwicklungsstellen für den Nachrichtendienst:

1. Die Funkempfangs- und Sendestelle (*3b*) für die Aufnahme und Tastung der Wettermeldungen und Aufnahme der „Nachrichten für Luftfahrer" (FBO, Abschn. II Art. 13 und 14). Der Umfang der aufzunehmenden und auszustrahlenden Nachrichten hängt von Art und Größe der Dienststelle des Reichswetterdienstes ab.

2. Die umsetzende Stelle des Drahtnachrichtenverkehrs (Fernschreibstelle, *3d*) für Betriebs- und sonstige Wettermeldungen, Start- und Landemeldungen und Platzbelegungsmeldungen usw. (FBO, Abschn. II Art. 15, 17, 18 u. 21).

Die Gruppe (*4*) ist die **Flugbetriebsleitung** der Luftverkehrsgesellschaft mit ihren je nach dem Umfang der örtlichen Aufgaben entsprechenden Nebenräumen. In der Abb. 44 sind die jeweils

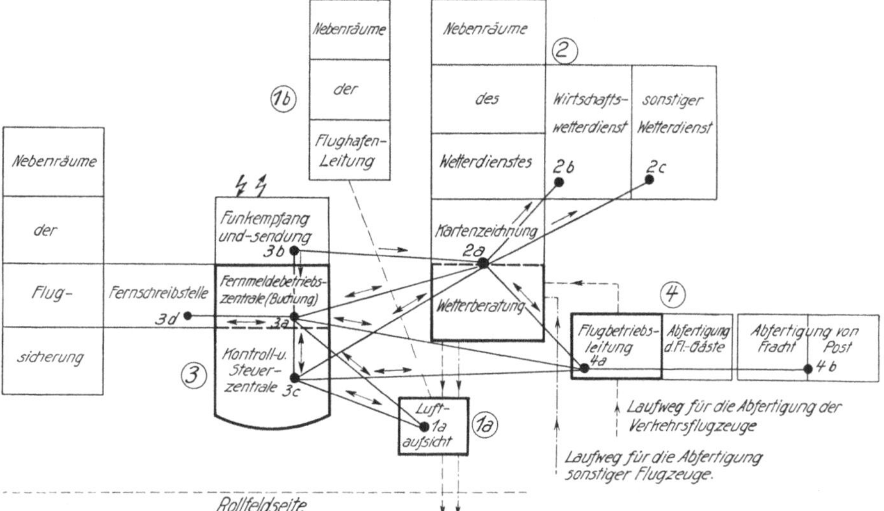

Abb. 44. Darstellung des Zusammenwirkens der einzelnen Dienststellen in einem Flughafenbetriebsgebäude (Nachrichtenförderwege).

betriebswichtigen Köpfe der einzelnen Dienststellen durch starke Umrahmung herausgehoben. Zugleich ist das Netz der Nachrichtenwege eingezeichnet, das in der Betriebsabwicklung der Dienststellen untereinander notwendig ist und das die Reichsflugsicherung als Träger des gesamten Nachrichtenwesens der Luftfahrt zur Verfügung stellt. Dieses Netz stellt die innerhalb des Flughafengebäudes erforderlichen mechanischen Förderwege zur Weiterleitung von Telegrammen oder sonstigen schriftlichen Unterlagen dar.

Daß alle Dienststellen einschließlich ihrer Nebenräume durch eine zentrale Fernsprechvermittlungsanlage mit Selbstwählbetrieb untereinander Verbindung haben, ist selbstverständlich. Auch diese Anlage stellt die Reichsflugsicherung. Sie ist jedoch in Abb. 44 nicht eingezeichnet.

Art, Umfang und Schnelligkeit des zwischen den Dienststellen abzuwickelnden Nachrichtenverkehrs bestimmen die Art des zu wählenden Förderweges. In Abb. 45 und 46 sind die Zahlen der auf diesen Nachrichtenwegen beförderten Telegramme dargestellt, die sich auf verschiedenen großen deutschen Verkehrsflughäfen im Jahre 1938 ergaben. Wie man sieht, entfällt ein großer Teil der Telegramme auf den Förderweg zwischen der Fernmeldebetriebszentrale und dem Reichswetterdienst, während der Nachrichtenverkehr zwischen der Fernmeldebetriebszentrale und Luftverkehrsgesellschaft bzw. Luftaufsicht von geringerem Umfange ist.

An sich wird stets größte Schnelligkeit bei der Übermittlung aller Telegramme verlangt. Jedoch nehmen die Nachrichten der Wetteraufnahme (Wetterfunkdienst) sowie der von der Wetterwarte kommende und zu ihr führende Telegrammverkehr, der auf dem Fernschreibnetz der Reichsflugsicherung sich abspielt, wegen ihrer Termingebundenheit eine besonders bevorzugte Stellung ein. In einer Flugwetterwarte werden täglich bis zu sechs Wetterkarten gezeichnet. Hierzu müssen die erforderlichen Nachrichten zeitgerecht, jeweils zu bestimmten Tageszeiten, vorliegen und verlangen daher eine besonders schnelle Beförderung[1][2].

Hierbei wird es bei der großen Zahl der Telegramme naturgemäß unzweckmäßig, sie innerhalb des Gebäudes, z. B. durch Rohrpostanlagen weiterzuleiten, da die Handhabung einer Rohrpostanlage zeitraubende Handgriffe in der Bedienung erfordert und das Personal verhältnismäßig stark belastet. Für einen Nachrichtenverkehr dieser Art muß stets eine offene Schnellförder(band)anlage

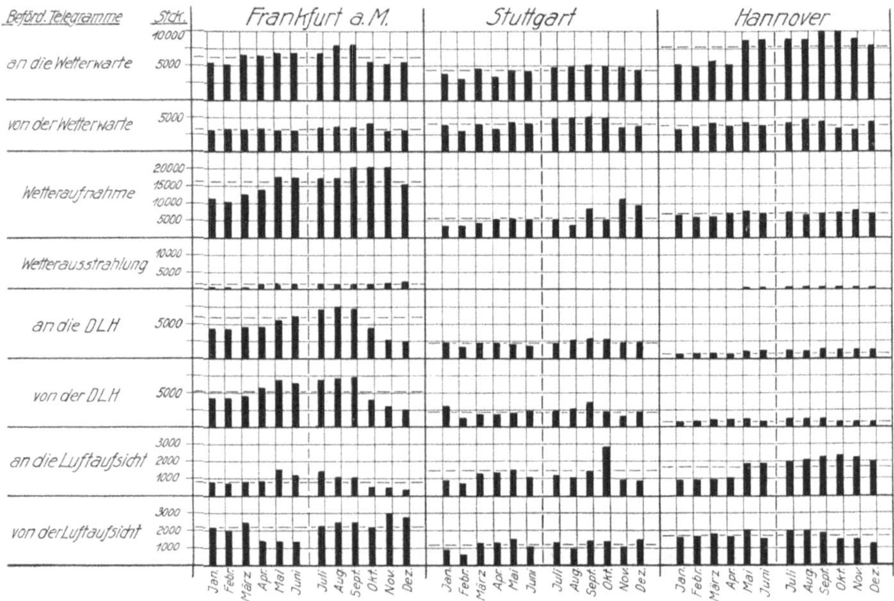

Abb. 45. Nachrichtenverkehr des Reichsflugsicherungsdienstes in Flughafenbetriebsgebäuden (1938).

gewählt werden, die ein zwangloses Abwerfen der Telegramme ermöglicht. Es ist allerdings möglich, z. B. jeden Empfangsplatz der Wetterfunkaufnahme statt mit der üblichen Empfangsschreibmaschine mit einem Blattschreiber (Sender) auszurüsten und die zugehörigen Empfänger in den Räumen der Wetterwarte aufzustellen. Diese Lösung verbietet sich aber im allgemeinen, sobald das Ergebnis von mehreren Empfangsplätzen gleichzeitig übermittelt und also eine größere Zahl von Blattschreibern eingesetzt werden muß, da die Aufwendungen für die Fernschreibmaschinen um ein Mehrfaches größer sind als die Einrichtung einer mechanischen Förderanlage.

Aus dem gleichen Grunde müssen auch die Übermittlungswege, die von den Funk- und Fernschreibbetriebsräumen zur Buchung und eigentlichen Betriebszentrale führen, Förderbandanlagen sein.

Da der Zweck einer schnellen Telegrammbeförderung auch bei Benutzung einer Schnellförderbandanlage nur dann als erfüllt angesehen werden kann, wenn sie nicht über große Entfernung zu

---

[1] Hentschel: a. a. O.
[2] Bringmann: Flugwetterdienst. ETZ, Nr. 58 S. 917, 1937.

führen braucht, so ergibt sich daraus die Notwendigkeit, die mit offenen Bandförderanlagen zu verbindenden Dienststellen räumlich möglichst eng nebeneinander zu setzen.

Die in Frage kommenden Nachrichtenwege sind gemäß Abb. 44: *3a—3b, 3a—3d, 3b—2a* und *3a—2a*. Die Räume der Fernmeldebetriebszentrale müssen unmittelbar nebeneinander liegen, aber ihrerseits auch möglichst dicht zum Wetterkartenzeichenraum bzw. zu der Wetterberatung liegen. Ist eine Lage zueinander in einer Ebene nicht zu verwirklichen, können die Räume der Fernmeldebetriebszentrale auch beispielsweise über den Räumen des Wetterdienstes untergebracht werden.

Für die übrigen Nachrichtenwege wird im allgemeinen eine Rohrpostanlage den Bedürfnissen entsprechen, so daß sich aus der nachrichtentechnischen Verbindung keine zwingende räumliche Zuordnung dieser Räume zueinander ergibt. Anders liegt es jedoch mit den bei der Abfertigung von Verkehrsflugzeugen und sonstigen Flugzeugen zu leistenden Laufwegen, die in der Abb. 44 gestrichelt bzw. strichpunktiert eingetragen sind. Da man diese im Interesse einer leistungsfähigen Abfertigung möglichst kurz halten soll, so ergibt sich, daß Flugbetriebsleitung, Wetterberatung und Luftaufsichtsabfertigung aus diesem Grunde gleichfalls in enge räumliche Verbindung zueinander gebracht werden müssen.

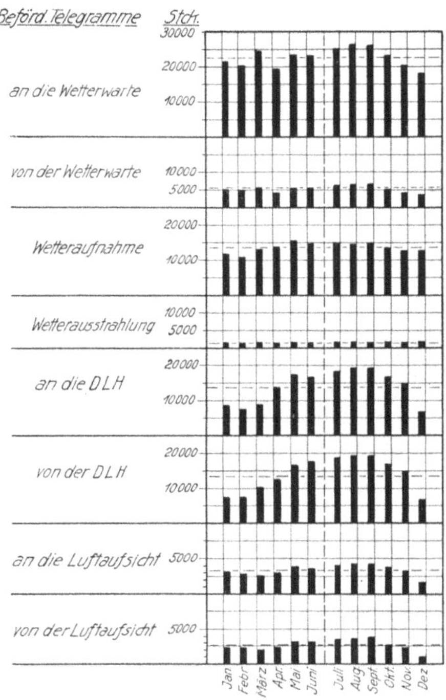

Abb. 46. Nachrichtenverkehr auf dem Verkehrsflughafen Tempelhof im Jahre 1938.

2. Die Kontroll- und Steuerzentrale.

In das vorbeschriebene Zusammenwirken der einzelnen Dienststellen der Luftfahrtverwaltung und der Flugbetriebsleitung muß die Kontroll- und Steuerzentrale zweckvoll eingegliedert werden. In der schematischen Darstellung der Abb. 44 ist dies durch räumlichen Anschluß an die Fernmeldebetriebszentrale geschehen. Die Kontroll- und Steuerzentrale ist an bevorzugter Stelle im Flughafenbetriebsgebäude einzurichten, so daß sie praktisch im Schwerpunkt der in Frage kommenden Dienststellen liegt. Andererseits muß mit Rücksicht auf ihre flugsicherungstechnischen Aufgaben eine exponierte Lage zum Rollfeld mit ungehinderter Sicht und möglichst einem Umgang oder besonderen Beobachtungsstand mit guter Abhörmöglichkeit gefordert werden. Die letztgenannte Forderung wäre durch Unterbringung in einem Turm auf dem Betriebsgebäude erfüllbar, jedoch ist von dem Bau eines ausgesprochenen Turmes bei einem Flughafenbetriebsgebäude aus zwei Gründen abzusehen: ·

a) Ein Turm bildet in den meisten Fällen ein Flughindernis und kann auch, bei besonders ungünstiger Lage zum Ansteuerungssender der Schlechtwetterlandeanlage, wie bereits an anderer Stelle ausgeführt, die Wellenausbreitung beeinträchtigen.

b) Die Gestaltung eines Turmes unterliegt meist bestimmten architektonischen Anforderungen, die mit den Aufgaben und der richtigen Lage der Kontroll- und Steuerzentrale zu den anderen Dienststellen nicht in vollendeter Lösung in Einklang zu bringen sind.

Als günstigste Lösung ist wohl eine vorgezogene Bauweise, die in geeigneter Form vor der Hauptgebäudefront liegt und die das eigentliche, höchstens zweigeschossig zu haltende Gebäude etwas über Dachhöhe zur freien Sicht- und Abhörmöglichkeit überragt, anzusehen. An diese vorgezogene

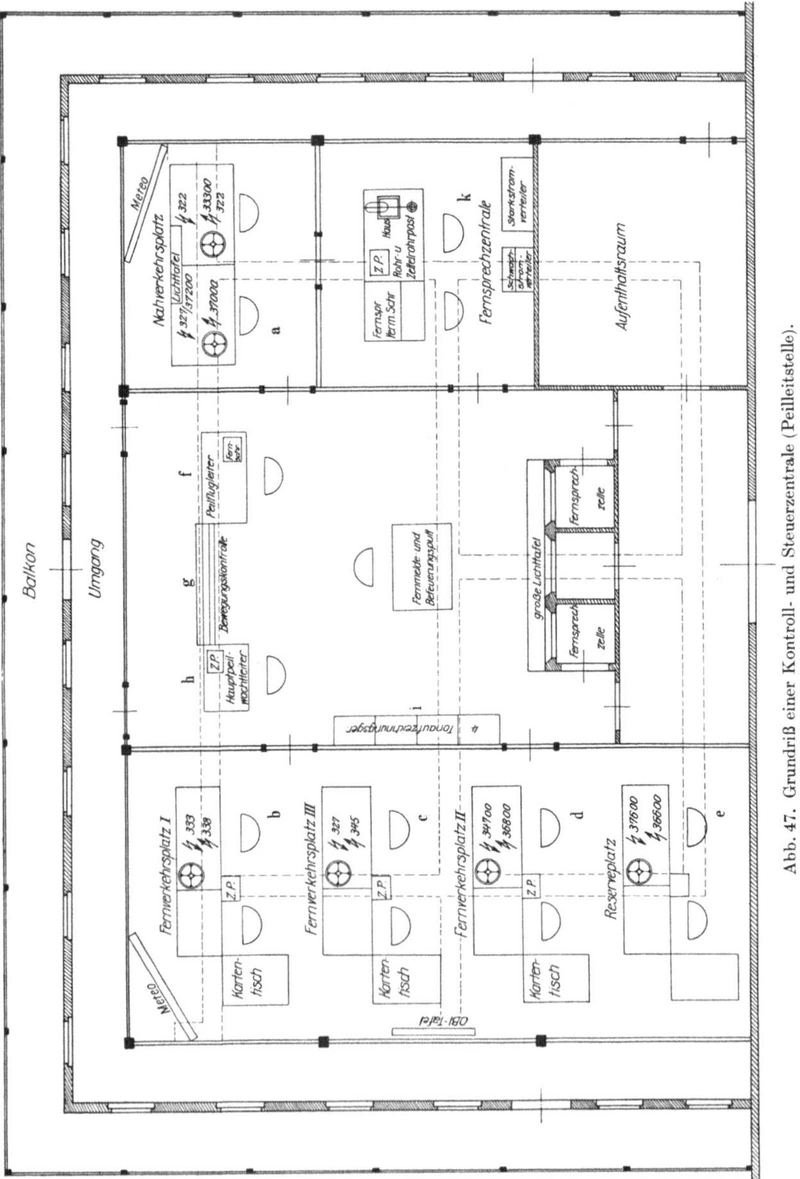

Abb. 47. Grundriß einer Kontroll- und Steuerzentrale (Peilleitstelle).

Zentrale gliedern sich nach hinten die für sie benötigten Nebenräume an, während die Verbindung zu den anderen Dienststellen, die beispielsweise im Geschoß unterhalb der

Zentrale liegen, dadurch hergestellt wird, daß diese mit ihren Betriebsköpfen unterhalb der Zentrale zusammenstoßen. Hier liegt für den gestaltenden Architekten noch ein aussichtsreiches Arbeitsfeld vor, zu dem mit vorstehender Darstellung eine Anregung geliefert sei.

Der grundsätzliche innere Aufbau einer Kontroll- und Steuerzentrale, wie er sich besonders unter Berücksichtigung der Betriebsaufgaben des Bodenfunk- und Peildienstes ergibt, ist in Abb. 47 dargestellt. Hierbei ist ein vorgezogener rechteckiger Grundriß zugrunde gelegt worden. Die Ausrüstung entspricht dem heutigen Stand der Technik einer großen Bodenpeilstelle (Bezirksleitstelle). In Abb. 47 sind folgende Einrichtungen zu unterscheiden:

a) bis e) Peil- und Verkehrsarbeitsplätze,

f) Arbeitsplätze der Peilflugleitung,

g) die Einrichtungen für die Kontrolle der Bewegungsvorgänge,

h) Arbeitsplatz des Hauptpeilwachtleiters. Hierzu gehört auch das Fernmelde- und Befeuerungsschaltpult mit den Überwachungs- und Steueranlagen sämtlicher flugsicherungstechnischer Einrichtungen des Flughafens,

i) die zu einer Protokollierung benötigten Tonaufzeichnungsgeräte und

k) die Vermittlungszentrale für die Vermittlung des Nachrichtenverkehrs innerhalb der Kontroll- und Steuerzentrale einerseits und zu den anderen Dienststellen im Hause andererseits.

Die Aufgaben der einzelnen Einrichtungen seien im folgenden kurz umrissen.

Bei den einzelnen Peil- und Verkehrsarbeitsplätzen sind die jeweils benutzten Wellen empfangs- und sendeseitig eingetragen, wobei bereits der künftig hinzukommende Sportflugsicherungsverkehr auf Ultrakurzwellen berücksichtigt ist. Auf der in Arbeitsplatz a) eingezeichneten Lichttafel sind die wichtigsten Anzeigen über den jeweiligen Betriebszustand der einzelnen am Fernmelde- und Befeuerungsschaltpult bedienten Flugsicherungsanlagen kenntlich gemacht, so daß die Peilwachleiter wissen, welche Einflugrichtung der Schlechtwetterlandebahn gewählt ist, welche Befeuerungseinrichtungen jeweils brennen usw. usw.

Die im Raum an zwei Stellen eingezeichnete METEO-Tafel ist ein Lichttableau, das die wichtigsten Wetterzustände des Flughafens (Luftdruck, Bodenwind nach Richtung und Stärke, Angaben über Sichtverhältnisse usw.) anzeigt. Die an den Arbeitsplätzen b—d vorhandene QBI-Tafel gibt einen Überblick über die Flughäfen, auf denen die Schlechtwettervorschriften in Kraft gesetzt sind. Die sonstigen Einrichtungen sind auf Grund ihrer Beschriftung der Abb. 47 verständlich. Es sei jedoch noch bemerkt, daß sämtliche Arbeitsplätze durch eine Zettel-Schnellförderanlage mit dem Arbeitsplatz des Hauptpeilwachleiters und der Vermittlungszentrale verbunden sind[1].

3. Schlußfolgerungen.

Die beiden Nachrichtenzentralen auf einem Flughafen, die Fernmeldebetriebszentrale und die Bodenpeilstelle, sind durch den aus technischen Umständen des Schlechtwetterlandebetriebes bedingten Standort der letzteren räumlich voneinander getrennt. Zur Steigerung der Leistungsfähigkeit und Wirtschaftlichkeit der betrieblichen Verkehrsabwicklung auf einem Flughafen wird eine enge Zusammenlegung beider im Flughafenbetriebsgebäude notwendig. Die technischen und betrieblichen Voraussetzungen können dafür geschaffen werden. Hierbei ergibt sich die Möglichkeit, sämtliche flugbetrieblichen und flugsicherungstechnischen Überwachungs- und Steuereinrichtungen eines Flughafens an einer Stelle, der Kontroll- und Steuerzentrale, zusammenzufassen. Die Kontroll- und Steuerzentrale, die daher an bevorzugter Stelle einzurichten ist, steht aber auch in bestimmter Bindung zu den sonstigen Dienststellen des Flughafenbetriebsgebäudes, woraus sich Gesichtspunkte für die Lage der Dienststellen zueinander und für die Gestaltung des Flughafenbetriebsgebäudes selbst ableiten lassen.

---

[1] Friedrich: Eine neue Förderbandanlage in der Peilleitstelle auf dem Verkehrsflughafen Hamburg-Fuhlsbüttel. Draht u. Aether, Nr. 8 S. 40, 1938 und v. Wrangel: Neue Peilhäuser der Reichsflugsicherung. Draht u. Aether, Nr. 9 S. 8, 1939.

V. Die Bedeutung der flugsicherungstechnischen Einrichtungen des Schlechtwetterlandedienstes für die Abwicklung des Luftverkehrs bei Schlechtwetterlagen.

Auf dem Gebiet der allgemeinen Flugsicherungstechnik lassen sich zwei große Hauptabschnitte unterscheiden, die für die Entwicklung des Luftverkehrs in bezug auf Sicherheit und Regelmäßigkeit als Entwicklungsphasen anzusehen sind. Der erste Abschnitt ist durch die Einführung des Peilwesens, der zweite durch die Einführung der Landefunkfeueranlage gekennzeichnet. Naturgemäß ist der aus diesen Flugsicherungseinrichtungen resultierende Fortschritt nicht schlagartig in Erscheinung getreten, sondern ergibt sich allmählich aus der Einführung der entsprechenden Einrichtungen auf erweiterter Basis bzw. der wachsenden Erfahrung, diese Einrichtungen mit möglichster Vollkommenheit auszunutzen.

Entgegen der zeitlichen Entwicklung soll in den nachstehenden Betrachtungen der Abschnitt über die Bedeutung der Landefunkfeueranlage vorweggenommen werden, weil sich aus der Entwicklung des Schlechtwetterlandebetriebes nach der Landefunkfeueranlage Gesichtspunkte für die weitere Entwicklung der Streckennavigation bei Schlechtwetterlagen und die Überwachung und Steuerung der Bewegungsvorgänge, die sich z. Zt. auf die Hilfsmittel des Peilwesens stützen, herleiten lassen.

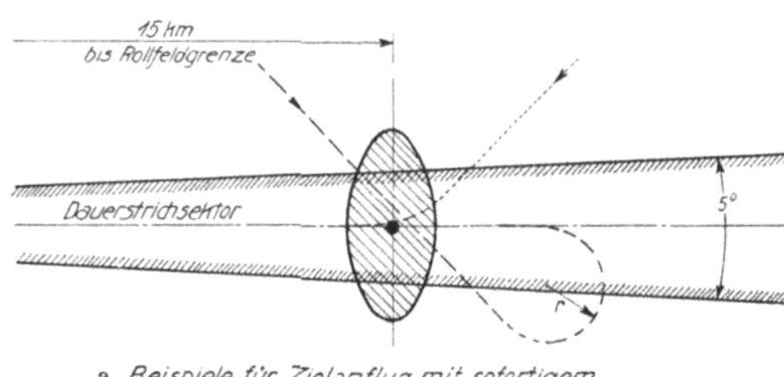

a. *Beispiele für Zielanflug mit sofortigem Übergang zum Anflug auf dem Leitstrahl.*

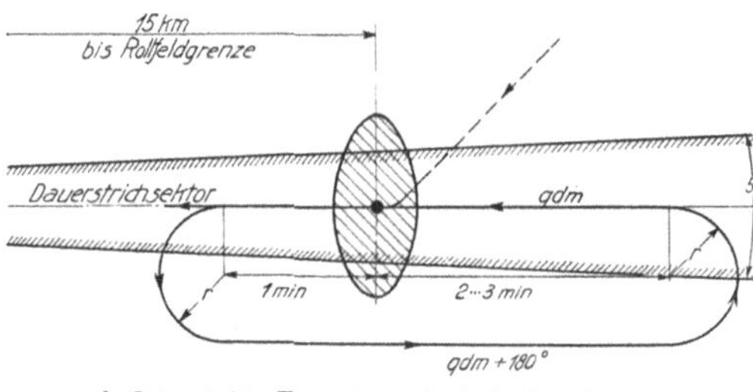

b *Beispiel für Zielanflug mit „Warten" auf dem Leitstrahl*

Abb. 48. Navigation am Zielflug- und Markierungsfeuer.

1. Die Verkehrsabwicklung bei Schlechtwetterlagen im Flughafennahbereich.

A. Navigation am Zielflug- und Markierungssender.

Im Gegensatz zu einem Flug mit Erdsicht bzw. zu den auf Grund von Peilungen der Bodenorganisation entwickelten Anflugverfahren eines Flughafens ohne Erdsicht (Durchstoß-, ZZ-Verfahren), geht in Zukunft die Navigation beim Anflug eines Hafens folgendermaßen vor sich.

Das Flugzeug fliegt im Streckenflug mit einem Kurs, der nicht auf den Hafen, sondern auf das Zielflug- und Markierungsfunkfeuer dieses Hafens führt [1]. Von einer bestimmten Entfernung an, die zu etwa 50 km im Mittel angegeben werden kann, fliegt das Flugzeug mittels Eigenpeilgerät im Zielflug auf den Langwellensender (Zielflugsender) zu. Für die zwischenstaatliche Einführung ist von der 40. Conférence Aéronautique Internationale (Krakau, Mai 1939) für den Abstand von 50 km vom Zielflugsender eine Feldstärke von 10 Mikrovolt/m vorgeschlagen worden. Die weitere Navigation ergibt sich entsprechend der Darstellung der Abb. 48a. Der Augenblick des Erreichens des Zielflug-

---

[1] Grünert: Markierungsfunkfeuer der Reichsflugsicherung zur Unterstützung der Navigation bei fehlender Sicht für Streckenflug und Landung. Draht u. Aether Nr. 8 S. 138, 1938, und Giesecke und v. Ottenthal: Beschleunigung der Schlechtwetterlandung durch UKW-Markierungssender. Luftwissen Nr. 6 S. 97, 1939.

senders wird durch das Einfliegen in den Strahlungsbereich des Markierungssenders angezeigt, der bei Benutzung des üblichen Bordempfängers innerhalb einer Flughöhe von 2000—3000 m eine Breite von wenigstens 2000 m und eine Tiefe von wenigstens 500 m haben soll. Da außerdem aus dem Empfang der Leitstrahlkennung und dem Übergang in den Dauerstrichsektor die Annäherung an diesen Punkt bereits angedeutet wird, kann der Flugzeugführer ohne zu unzulässig steilen Kurven im Blindflug gezwungen zu sein, zum sicheren Anflug auf den Leitstrahl übergehen. Im Augenblick des Einbiegens auf den Leitstrahl hat er zugleich die Abstandskennung vom Flughafen und kann auf Grund seiner ihm hinreichend bekannten Geschwindigkeit über Grund den Zeitpunkt seiner Landung der Kontrollzentrale auf dem Flughafen melden. Diese Kenntnis ist für den die Disposition führenden Peilflugleiter von außerordentlicher Wichtigkeit.

Ist ein den Flughafen anfliegendes Flugzeug auf Anweisung des Peilflugleiters gezwungen, vor dem Übergang zur Landung zu warten, so erfolgt eine Navigation, wie sie in Abb. 48b dargestellt ist. Durch den beim Warten eindeutig im Raum festgelegten Flugweg, der das unerwünschte Kurven im Blindflug auf das Mindestmaß herabsetzt, ist dem Flugzeugführer sein jeweiliger Standort stets genau bekannt. Er kann beim Abruf zur Landung aus jeder Lage augenblicklich zum Landevorgang übergehen und wie im Normalfalle die noch bis zur vollendeten Landung benötigte Zeit mit sehr grosser Genauigkeit angeben.

B. Vorteile dieser Navigation.

Dieses Navigationsverfahren gestattet nicht nur ein sondern mehrere Flugzeuge gleichzeitig warten zu lassen. Eine Verhinderung des Zusammenstoßens erfolgt durch Zuweisung verschiedener Höhen. Der Vorteil dieses Verfahrens für eine unverzögerte Abwicklung des Luftverkehrs liegt darin, daß alle wartenden Flugzeuge praktisch in einem eng begrenzten Bereich sich aufhalten und sofort nach Anforderung in den unmittelbaren Anflug zum Landen übergehen.

Ferner ist, sobald das Flugzeug das Erreichen des Wartepunktes der Kontrollstelle des Flughafens gemeldet hat, eine weitere Betreuung seitens der Kontrollstelle nicht mehr nötig, so daß die Kontrolle der Bewegungsvorgänge durch diesen Wartepunkt eine wesentliche Vereinfachung gegenüber dem früheren Zustand erfährt. Natürlich wird bei einer zweckentsprechenden Disposition seitens der Peilflugleitung unnötiges Warten von vornherein zu vermeiden sein, indem man möglichst frühzeitig z. B. langsames Fliegen vorschreibt oder im Grenzfall Startverzögerung anordnet, jedoch ist die Möglichkeit, im Bedarfsfalle z. B. bei Betriebsstörungen auf dem Rollfeld usw. ein einfliegendes Flugzeug im Blindflug mit größter Sicherheit und in betrieblich einfacher Form warten zu lassen, von größter Bedeutung. Die für den Zielflug- und Markierungssender naheliegende Bezeichnung Wartepunkt ist mit Rücksicht auf den oben auseinandergesetzten Hauptzweck der Anlage nicht empfehlenswert.

Durch die Festlegung der Horizontalnavigation beim Landeanflug durch den Leitstrahl ist eine Überwachung des Anfluges nach dem Überfliegen des Zielflugsenders ebenfalls nicht mehr notwendig. In dem Bereich des Anflugweges, d. i. die Entfernung des Zielflug- und Markierungssenders als Ausgangspunkt der Landebahn bis zum Flughafen selbst (15 km), erübrigt sich also eine Bewegungskontrolle für das anfliegende Flugzeug.

C. Leistungsfähigkeit des Flughafens.

Wie bereits zu Beginn der Arbeit kurz erläutert wurde, ist eine wesentliche Leistungssteigerung eines Flughafens nur mit einer Schlechtwetterlandeanlage möglich, die mit einem Zielflug- und Markierungsfunkfeuer ausgerüstet ist (vgl. Abb. 2c). Nach der vorstehend beschriebenen Verkehrsabwicklung im Nahverkehrsbezirk wird die Verlustzeit in Gl. (1)

$$t_V = 0, \tag{23}$$

wenn man den aus der jeweiligen Anflugrichtung des Flugzeugs sich ergebenden Umweg außerhalb des Nahverkehrsbezirks als einen Zuschlag zum Streckenflug auffaßt (Abb. 49). Dies ist insbesondere dann zulässig, wenn in beiden Anflugsektoren je ein Zielflug- und Markierungsfunkfeuer errichtet wird. Vgl. auch den nachfolgenden Abschnitt. Die Leistungsfähigkeit eines Flughafens wird alsdann unter Zugrundelegung einer Anflugzeit von 6 min im Nahverkehrsbezirk [Gl. (3)]

$$L = \frac{60}{t_A} = \frac{60}{6} = 10 \ . \tag{24}$$

Dieser Wert bedeutet immerhin ein Mehrfaches der Leistungsfähigkeit eines Flughafens, der nicht mit einer Schlechtwetterlandeanlage der beschriebenen Art ausgerüstet ist, kann jedoch für die Zukunft noch nicht als ausreichend angesehen werden. Eine Leistungssteigerung ist — nach Gl. (2) — nur durch eine Verkleinerung der Anflugzeit t_A zu erzielen. Da man den gewählten Halbmesser des Nahverkehrsbezirks von 15 km aus verschiedenen Gründen kaum wird verkleinern können, bleiben zwei Wege für die Verkürzung der Anflugzeit t_A:

1. Man könnte die Sperrung des Nahverkehrsbezirks während der Anflugzeit eines Flugzeugs aufheben und somit die Reihenfolge der Flugzeuge beim Anflug verdichten. Dies ist jedoch wegen der dann notwendigen Kontrolle der Bewegungsvorgänge im Nahverkehrsbezirk unerwünscht und auch aus flugnavigatorischen Gründen kaum möglich, da ein auf einem Leitstrahl anfliegendes Flugzeug infolge seiner elektrischen Schirmwirkung den Leitstrahl hinter sich in gewissem Umfange unbrauchbar macht.

2. Man kann die Geschwindigkeit der Flugzeuge über Grund vergrößern. Dies ist der voraussichtlich zu beschreitende Weg, da er im Zuge der Entwicklung der Flugzeugmuster liegt. Jedoch muß hier von seiten des Flugbetriebes die Forderung gestellt werden, daß die sichere Blindnavigation beim Anflug auf dem Leitstrahl sich auch bei den erhöhten Horizontalgeschwindigkeiten der Flugzeuge erzielen läßt, und daß insbesondere die Umstellung des Flugzustandes des Flugzeuges auf den Landevorgang möglichst schnell und ohne Beeinträchtigung seiner Flugeigenschaften erst kurz vor der eigentlichen Landung durchgeführt werden kann. Es ist daher auch aus diesem Zusammenhang heraus auf die weitere Vervollkommnung der Landeeigenschaften der Flugzeuge zu verweisen (siehe S. 44).

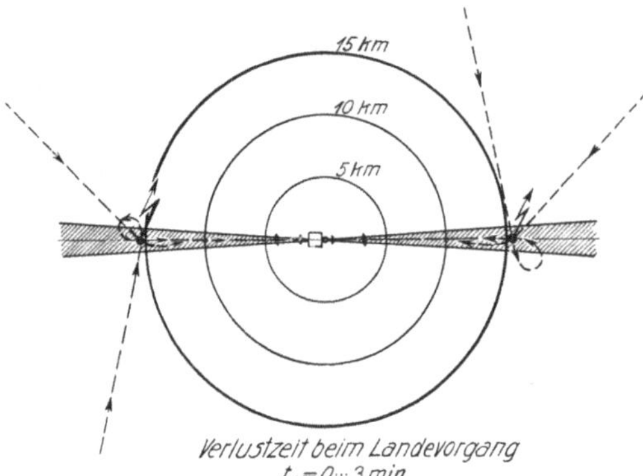

Abb. 49. Idealgestaltung einer Schlechtwetterlandenavigation (Landefunkfeueranlage mit zweiseitigem Anflug).

Unter der Annahme einer Anfluggeschwindigkeit von 300 km/h gemäß Punkt 2 wird die Zeit t_A praktisch auf 3 min verkleinert. Die größte Zahl der auf einem Flughafen bei beliebiger Schlechtwetterlage durchführbaren Landungen wird sich dann auf etwa 20 belaufen, immerhin also den Ansprüchen der Entwicklung des Luftverkehrs in den nächsten Jahren gewachsen sein.

2. Die Abhängigkeit der Streckennavigation von der Navigation im Flughafen-Nahbereich.

Durch die Festlegung der Anflugnavigation mittels Landefunkfeueranlage wird die Durchführung der Streckennavigation in zweierlei Hinsicht beeinflußt:

A. Im Gegensatz zum Flugweg bei schönem Wetter oder bei einer Wetterlage, die noch ausreichende terrestrische Navigation zuläßt, wird das ohne Erdsicht fliegende Luftfahrzeug gezwungen, einen bestimmten Umweg (über das Zielflugfunkfeuer) zu fliegen.

B. Die Leistungsfähigkeit des Schlechtwetterlandedienstes ist das Maß für die Leistungsfähigkeit des Luftverkehrs bei Schlechtwetterlagen überhaupt. Da die Leistungsfähigkeit eines Flughafens bei Schlechtwetterlagen durch die flugsicherungstechnischen Einrichtungen für die Schlechtwetterlandung erheblich gesteigert wird, bleibt zu untersuchen, ob die derzeitigen Maßnahmen zur

Sicherung und Durchführung von Blindflügen mit der Entwicklung des Landedienstes Schritt halten können. Es ist hierbei an die flugsicherungstechnischen Aufgaben zu denken, die sich für die Sicherung eines Luftverkehrs ergeben, der sich von einem großen Zentralflughafen (London, Paris, Berlin) ausgehend, innerhalb des zugehörigen Flugsicherungsbezirks abspielt. Hinzukommt, daß auch noch mit einer Zahl querabfliegender Flugzeuge, die den Flugsicherungsbezirk ohne Landung durchfliegen, gerechnet werden muß.

Diese beiden Faktoren sollen im folgenden untersucht werden, wobei allerdings der Abschnitt B mit Rücksicht auf den Rahmen der Arbeit nur als eine Einführung in die Aufgabenstellung zu diesem Abschnitt betrachtet werden kann.

A. Beeinflussung der Streckenführung.

Die Größe des beim Blindanflug eines Flughafens durch die Navigation am Zielflug- und Markierungsfeuer zu fliegenden Umweges hängt von der Lage des Zielflug- und Markierungsfunkfeuers in bezug auf den Ausgangshafen der Flugstrecke ab.

Die prozentuale Flugwegverlängerung ist für den ungünstigsten und einen mittleren Fall in Abb. 50 dargestellt. Im ungünstigsten Fall kommt also für den Streckenflug noch ein Wert von 30 km hinzu, wenn das Flugzeug zum Landeanflug den gesamten Nahverkehrsbezirk durchfliegen muß. Dieser Zuschlag zur Flugstrecke ist, wie man sieht, nicht tragbar, wenn die gesamte Flugstrecke nur einige hundert Kilometer lang ist. Für bedeutsame Häfen im europäischen Luftverkehr wird daher die beidseitige Ausrüstung der Schlechtwetterlandebahn mit einem Zielflug- und Markierungssender gemäß Abb. 49 Erfordernis. (Es ist an dieser Stelle auf die besondere Schwierigkeit hinzuweisen, die in der Bereitstellung geeigneter Wellen für die Zielflugsender besteht, da für den gleichzeitigen Betrieb zwei verschiedene Wellen benutzt werden müssen und z. Zt. zwischenstaatlich nur eine Welle zur Verfügung steht.) Die Flugverlängerung beträgt hierbei im ungünstigsten Fall nur noch 15 km. Dieser Mehraufwand an Flugkilometern bzw. Flugzeit ist aber im Interesse der Sicherheit, die dieses System der Navigation bietet, nicht zu umgehen. Er kann auch ohne weiteres getragen werden, weil er innerhalb der Toleranzen liegt, denen heutzutage der Flugplan noch unterworfen ist (Umfliegung von Schlechtwettergebieten bei Vereisungsgefahr, Einsatz verschiedener Flugzeugmuster auf einer Strecke) und weil eine Beeinträchtigung des Luftverkehrs gegenüber anderen Verkehrsmitteln nicht eintritt.

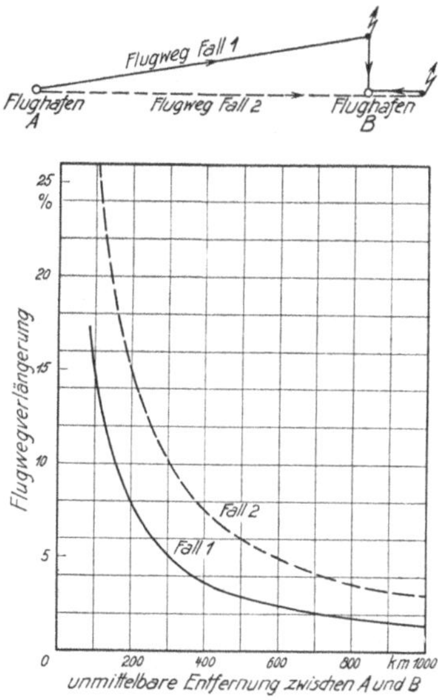

Vergleicht man die kilometrischen Entfernungen, wie sie für den Eisenbahn-, Kraftwagen- und Luftverkehr in Frage kommen (Tab. 4), so sieht man, daß die erdgebundenen Verkehrsmittel durch ihre Abhängigkeit von der Topographie stets merkliche Zuschläge gegenüber der kürzesten Verbindungslinie (Luftverkehrsentfernung) aufweisen. Die Zuschläge ergeben sich aus der wirtschaftlichen Gestaltungsmöglichkeit des Verkehrsweges.

Die dem Luftverkehr im allgemeinen eigene Freizügigkeit zwischen Verkehrsanfang und Endpunkt gilt für Schlechtwetterflüge nicht mehr. Der Streckenzuschlag ist in diesem Fall im Interesse der Sicherheit bedingt. Auch besteht mitunter noch eine Beschränkung der Streckenführung (z. B. besonders in Europa) durch die vielen Luftsperr-, Warn- und Schießgebiete, Grenzeinflugzonen usw., die eine beliebige Streckengestaltung im Luftverkehr hemmen.

Es kann daher als eine gewisse Gesetzmäßigkeit in der Anlage von Verkehrswegen angesehen

Abb. 50. Flugwegverlängerung beim Blindanflug eines Flughafens unter Benutzung des Zielflugfunkfeuers der Schlechtwetterlandebahn.

werden, daß eine zweckmäßige Streckenführung niemals auf dem geraden und kürzesten Wege erfolgt, sondern durch den Übergang von den Bahnen des Fernverkehrs in die des Nahverkehrs und umgekehrt in der Nähe von Anfangs- und Endpunkt der Strecke gewissen Zuschlägen unterliegt. Die Linien des Luftverkehrs können sich aus Gründen der Sicherheit diesem Gesetz gleichfalls nicht entziehen.

Tab. 4.
Kilometrischer Vergleich verschiedener Verkehrswege.

S t r e c k e	Bahn-km	Flug-km	Straßen-km[1]
1	2	3	4
Berlin—Köln	577	480	560
Berlin—München	653	513	612
Berlin—Königsberg	596	551	583
Berlin—Stuttgart	652	584	614
Berlin—Wien	730 (928)	527 (882)	681
Berlin—Amsterdam	641	589	—
Berlin—Frankfurt a. M. . .	539	431	512
Hamburg—Amsterdam . . .	493	379	—
Hamburg—Frankfurt a. M. .	533	413	498
Frankfurt a. M.—Mailand . .	757	517	—
Köln—Paris	492	391	—
Köln—München	635	504	573

B. Die Leistungsfähigkeit der flugsicherungstechnischen Einrichtungen für die Sicherheit der Streckennavigation.

Während im Flughafennahbereich für anfliegende Flugzeuge die Kontrolle der Bewegungsvorgänge nur in einem begrenzten Umfang erforderlich ist, kann im Streckenflug, der als Blindflug durchgeführt werden muß, auf eine Überwachung und Steuerung des Fluges vom Boden her niemals verzichtet werden. Im Gegenteil, je größer die Geschwindigkeiten der Flugzeuge und je größer die Zahl der in einem bestimmten Raum (Flugsicherungsbezirk) gleichzeitig fliegenden Flugzeuge wird, um so mehr müssen an die Hilfsmittel zur Sicherung dieses Flugbetriebes steigende Anforderungen gestellt werden. Von der Genauigkeit der Überwachung und Steuerung der Bewegung der Luftfahrzeuge im Raum hängt die Regelmäßigkeit des bei Schlechtwetterlagen durchzuführenden Verkehrs und seine Sicherheit gegen Zusammenstoßgefahren mit anderen Luftfahrzeugen oder gefährlichen Luftfahrthindernissen in entscheidendem Maße ab. Im folgenden sollen daher die Aufgaben der Überwachung und Steuerung der Bewegungsvorgänge, die sich zur Zeit auf den Hilfsmitteln der Funkpeilung aufbauen, dargestellt werden, wobei jedoch mit Rücksicht auf den Rahmen der Arbeit nur die wesentlichsten Gesichtspunkte ihrer bisherigen und künftig vorauszusehenden Entwicklung herausgestellt werden können.

a) Kontrolle der Bewegungsvorgänge.

Eine Überwachung und Steuerung der Bewegungsvorgänge, die nach dem Sprachgebrauch der Flugsicherungstechnik als Kontrolle der Bewegungsvorgänge — Kontrolle ist hier nicht nur Überwachung, sondern auch Steuerung im Sinne des englischen „control" — bezeichnet wird, hat im wesentlichen zwei Aufgaben zu erfüllen:

Sie muß einen Überblick über den zeitlichen Ablauf der Bewegungen (Weg-Zeit-Tafel) geben. Von der Genauigkeit hängt die zeitgerechte Abwicklung des Verkehrs ab (Regelmäßigkeit).

Sie muß die Möglichkeit einer Zusammenstoßgefahr erkennen lassen, die sich aus der Weg-Zeit-Tafel der einzelnen Flugzeuge einerseits und der von diesen Flugzeugen eingehaltenen Flughöhen andererseits ergibt (Sicherheit).

Die unter diesen Gesichtspunkten im einzelnen bisher auf den verschiedenen Stellen geübten Verfahren der Kontrolle der Bewegungsvorgänge, die in ihrer Entwicklung z. T. zu Lösungen geführt haben, die mit Hilfe von selbsttätig bewegten Flugzeugmodellen über einer Karte den Zustand der wirklichen Flugzeuge im Raum wiederzugeben versuchen, können hier nicht behandelt werden[2]. Grundsätzlich läßt sich sagen, daß trotz noch so eleganter technischer Lösung allen bisher bekanntgewordenen Verfahren ein gewisser Mangel an Genauigkeit anhaftet, wie er jedem auf einer Extrapolation beruhenden Verfahren eigen ist. Dies ist um so bedeutender als die Leistungsfähigkeit des

---

[1] Unter Berücksichtigung der Reichsautobahnen (Stand 1. 1. 1939).
[2] v. Bormann: Verfahren für die Bewegungskontrolle von Luftfahrzeugen zur Vermeidung von Zusammenstoßgefahr. Draht und Äther Nr. 8 S. 108, 1938.

Verfahrens der Kontrolle der Bewegungsvorgänge als ein Kriterium für die Leistungsfähigkeit und Sicherheit des Luftverkehrs an sich angesehen werden muß.

Im Gegensatz zu den erdgebundenen Verkehrsmitteln handelt es sich im Luftverkehr um Bewegungsvorgänge, die in drei Dimensionen beliebige variable Größen besitzen. Für die praktische Bewegungsübersicht hat man drei verschiedene Darstellungen gewählt, die gleichzeitig nebeneinander ausgeführt werden. Diese sind:

1. Die Weg-Zeit-Tafel, die den Überblick über den zeitlichen Ablauf gibt.

2. Die geographische Übersicht, in die die Ergebnisse der Weg-Zeit-Tafel übertragen werden. Sie vermittelt die Vorstellung über die Bewegung der Flugzeuge im Raum und gibt vor allem Auskunft über die Zusammenstoßgefahr.

3. Die Flughöhen-Übersicht.

Diese Einteilung gestattet eine gute Anpassung an die jeweils vorliegenden Bedürfnisse. In verkehrsarmen Zeiten oder auch, wenn das Gebiet, in dem Flugzeuge blindfliegen müssen, verhältnismäßig klein ist, reicht die Flughöhenübersicht allein aus, um über die Bewegungsvorgänge ein hinreichendes Bild zu bekommen und mit Sicherheit eine Zusammenstoßgefahr zu vermeiden. Bei grösserem Verkehr und besonders größerer Verkehrsdichte liegen die wesentlichsten Aufgaben in der Bewegungsübersicht auf der Weg-Zeit-Tafel. Aus den Startmeldungen der Flugzeuge bzw. den Meldungen über das Überfliegen der Bezugspunkte werden durch Extrapolierung Bewegung und Flugzeit errechnet, wobei jedoch Windeinfluß und Eigengeschwindigkeit der Flugzeuge als feststehende Werte angenommen werden müssen. Dieses ist als eine häufig merkbare Quelle der Ungenauigkeit anzusehen, da sowohl der Flugzeugführer, um Brennstoff zu sparen, bei verschiedenen Windverhältnissen bewußt die Eigengeschwindigkeit ändert, als auch durch die Tatsache, daß man über den Windeinfluß auf der Strecke am Boden keine ausreichenden und verläßlichen Unterlagen besitzt. Zwischen der am Boden errechneten und der tatsächlichen Flugzeit und dem angenommenen und tatsächlichen Flugweg können Abweichungen auftreten, so daß es bei der Führung der Weg-Zeit-Übersicht notwendig ist, ständig entsprechend dem jeweiligen Verlauf des Fluges Verbesserungen vorzunehmen.

Das Verfahren einer Sicherung gegen Zusammenstoßgefahr muß dabei um so ungenauer werden, je schneller die Flugzeuge fliegen, je mehr Flugzeuge innerhalb des zu überwachenden Raumes aufeinandertreffen können und je geringer die Zahl der für die Verbesserung der Kontrolle zur Verfügung stehenden Standort- und Kursangaben sind. Die Standortbestimmung ist bei blindfliegenden Flugzeugen bisher nur auf Grund von Peilungen möglich, weshalb die Bedeutung des Peilwesens für die Kontrolle der Bewegungsvorgänge zu untersuchen ist.

b) Die flugsicherungstechnischen Hilfen des Peilwesens.

Da es nicht Aufgabe der vorliegenden Arbeit sein kann, die technisch und betrieblich die Genauigkeit der Standortpeilungen beeinflussenden Faktoren[1] zu untersuchen, soll lediglich an Hand statistischer Unterlagen der Beweis erbracht werden, daß der Leistungsfähigkeit des Peilwesens offenbar Grenzen gesetzt sind, die mit der zu erwartenden Leistungssteigerung des Luftverkehrs nicht völlig in Übereinstimmung gebracht werden können. Ohne Zweifel hat sich die Sicherheit des Luftverkehrs in der bisherigen Entwicklung ausschließlich auf die Leistungsfähigkeit des Peilwesens mit großem Erfolg gestützt. Im Jahre 1932 waren in Deutschland 15, im Jahre 1937 bereits 52 Bodenpeilstellen in Betrieb, so daß bei Berücksichtigung der Ausdehnung des Landes von einem Peilnetz der Flugsicherung gesprochen werden kann.

aa) Fremdpeilung. Die von der Organisation des Fremdpeilwesens zur Sicherung des Luftverkehrs geleistete Arbeit geht aus Abb. 51 hervor, in der die Zunahme des Luftverkehrs und die Steigerung der von der Bodenorganisation geleisteten jährlichen Peilungen gegenübergestellt sind. Ein wenn auch grobes Maß für die Sicherung des Luftverkehrs durch Fremdpeilungen erhält man, wenn man den Quotienten aus den jährlich abgegebenen Peilungen ermittelt (Abb. 52). Er enthält zwar auch die Flüge von Fluglinien, für die noch keine flugsicherungstechnischen Einrichtungen, insbesondere keine peiltechnischen Hilfen, bestehen (z. B. Sommerfluglinien im Bäderverkehr u. ä.),

---

[1] Metschl: Methoden der Flugfunknavigation. Naturwiss. Nr. 26 S. 553, 1938.

so daß der sich ergebende absolute Wert des Quotienten keine unmittelbaren Schlüsse zuläßt. Da aber in erster Annäherung die jährliche Zunahme von gesicherten und ungesicherten Flügen als prozentual gleich angenommen werden darf, so ist die sich aus Abb. 52 ergebende Tendenz des Quotienten Flugkilometer/Peilung von großer Bedeutung. Sie sagt aus, daß selbst bei riesiger Steigerung der Fremdpeilungen allein eine Verbesserung der flugsicherungstechnischen Verhältnisse bzw. Steigerung der Sicherheit des Luftverkehrs in Zukunft nicht erwartet werden kann.

Die Annäherung des Quotienten an einen Grenzwert, der in Zukunft etwa dem des Jahres 1937 entsprechen mag[1], hängt zwar auch von einer gewissen Abnahme der Peilungen durch den größeren Einsatz der in diesem Jahre zum erstenmal zur Auswirkung kommenden Landefunkfeueranlagen ab. Jedoch ist dies für den Gesamtwert aller Peilungen nur von geringerer Bedeutung, da sich aus den im Jahre 1937 ausgeführten Landungen nach Landefunkfeuern (vgl. Abb. 53) ein Schluß auf die

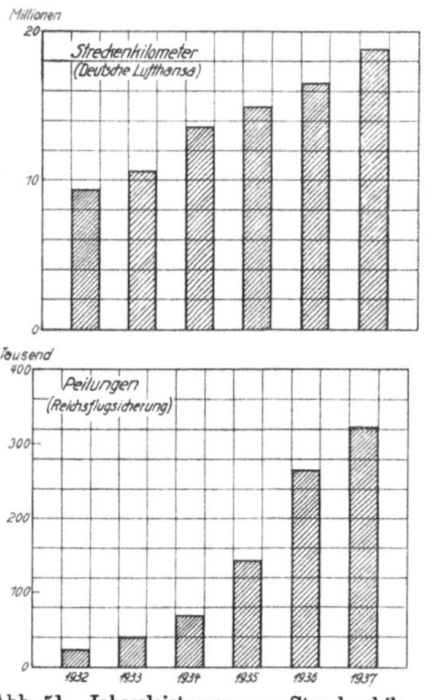

Abb. 51. Jahresleistungen an Streckenkilometer und Peilungen.

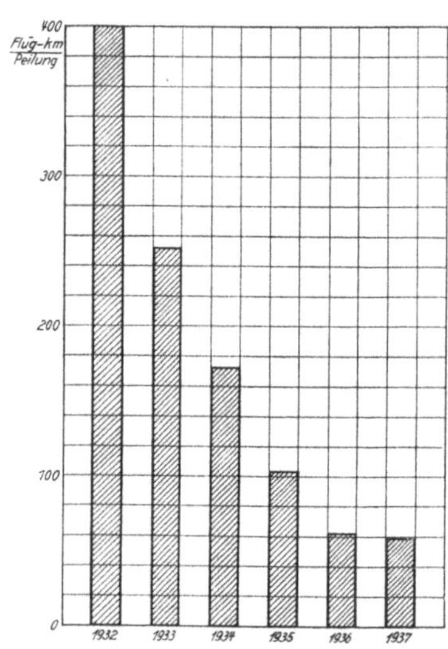

Abb. 52. Darstellung des Verhältnisses von Flugkilometer je Peilung in Jahresleistungen.

durch dieses Navigationsmittel nicht mehr notwendig gewordenen Peilungen ziehen läßt. Die Größe dürfte bei wenigen Prozenten gegenüber der Gesamtzahl aller Peilungen liegen.

Im Betrieb des Peilwesens unterscheidet man Ziel-, Kurs- und Standortpeilungen. Untersucht man, in welchem Umfang die für die Kontrolle der Bewegungsvorgänge besonders wichtigen Standortpeilungen in der Gesamtzahl aller abgegebenen Peilungen enthalten sind, so findet man, daß der Anteil der Standortpeilungen sehr klein ist. In Abb. 54 sind die Peilungen der Jahre 1933—1937 nach Ziel-, Kurs- und Standortpeilungen getrennt dargestellt worden. Die Zunahme von Standortpeilungen, zu denen in gewissem Umfang auch die Kurspeilungen zu zählen sind, geht ungleich langsamer vor sich als die der anderen Peilungen. Im Jahre 1937 ist der Anteil der Standortpeilungen etwa 3,7% der Gesamtpeilungen.

Dieser Umstand ist auf die Tatsache zurückzuführen, daß die Abgabe von Standortpeilungen betrieblich verhältnismäßig schwierig ist, weil das Zusammenarbeiten mehrerer Peilstellen für die Auswertung der Peilungen erforderlich wird. Abgesehen von der Genauigkeit an sich spielt hier der Zeitverlust eine Rolle, der für die Zusammenstoßgefahr um so bedeutsamer wird, je mehr die Ge-

---

[1] Während der Drucklegung der Arbeit sind die entsprechenden Zahlen des Jahres 1938 bekannt geworden, aus denen sich ergibt. daß der Quotient-Flugkilometer/Peilung etwa 75 beträgt, also wieder merklich ansteigt!

schwindigkeit der Flugzeuge zunimmt. Ein Flugzeug verlangt daher eine Standortpeilung (qtf) nur im Rahmen der Koppel-Navigation, um seine Kontrollmöglichkeit zu erweitern oder Rückschlüsse

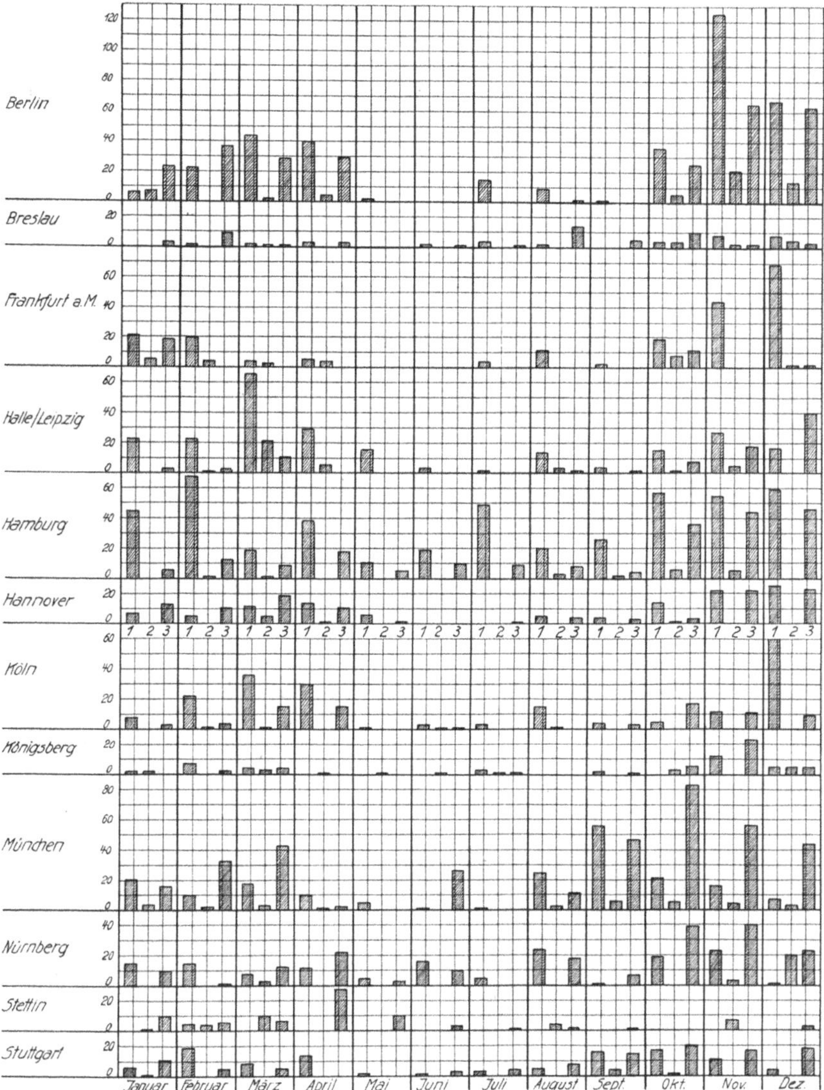

Abb. 53. Schlechtwetterlandungen auf deutschen Verkehrsflughäfen (1937).

auf sonstige Verhältnisse zu ziehen. Dies erklärt den verhältnismäßig geringen Prozentsatz von Standortpeilungen in der Gesamtzahl aller Peilungen.

Durch die in allen Ländern z. Zt. in größerem Umfang betriebene Einführung von Adcock-Peilanlagen wird zwar die Genauigkeit der bei Schlechtwetterlagen und bei Dämmerung und Nacht abzugebenden Peilungen sowie die dabei erzielbare Reichweite verbessert werden, wodurch ohne Zweifel einem heute noch merklich fühlbaren Mangel abgeholfen wird. An der Tatsache einer grundsätzlich begrenzten Leistungsfähigkeit des Peilwesens wird aber dadurch nichts geändert.

Diese Begrenzung der Leistungsfähigkeit des Peilwesens liegt neben der nicht mehr zu verbessernden Schnelligkeit und Genauigkeit der Peiltechnik auch noch in einem organisatorischen Grunde.

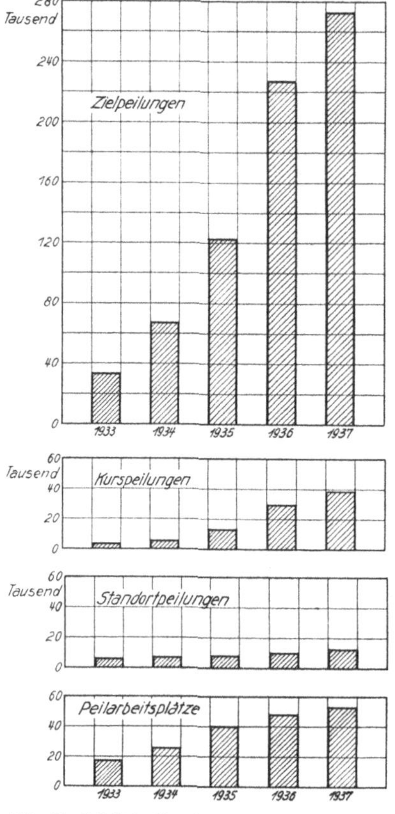

Abb. 54. Jährliche Zunahme von Peilungen und Peilarbeitsplätzen.

Die Zahl der Frequenzkanäle für die Peilzwecke des Luftverkehrs, die aus physikalischen Gründen nur im Bereich der Mittelwellen liegen können, ist auf Grund künftig kaum noch änderbarer internationaler Wellenverteilungspläne außerordentlich begrenzt [1]. Eine Steigerung der Leistungen des Peilwesens, etwa in dem Sinne, daß das Gebiet in einem Flugsicherungsbezirk, ausgehend von der Flugsicherungsleitstelle, in einzelne Sektoren geteilt wird, in denen auf jeweils verschiedenen Wellen mit entsprechenden Peilarbeitsplätzen der Nachrichten- und Peilverkehr wahrgenommen wird, muß daher — auch neben anderen Gründen — für eine wesentliche Steigerung der Sicherheit des Luftverkehrs als wenig erfolgreich bezeichnet werden. Deshalb ist auch eine verfeinerte Kontrolle der Bewegungsvorgänge nicht zu erwarten.

Es wird also die Aufgabe der Zukunft sein, die Standortbestimmungsmöglichkeiten eines Luftfahrzeugs auf einer anderen Grundlage aufzubauen. Eine Lösung dieses Problems dürfte teilweise in dem in Amerika mit Erfolg beschrittenen Wege der Schaffung von Richtfunkfeuern liegen, die einen Leitstrahl für den Streckenkurs festlegen (radio range beacon) [2], oder in der Schaffung eines Netzes von Drehfunkfeuern [3], das vom Flugzeug aus, unabhängig von den bisherigen Mitteln der Bodenorganisation, eine wesentlich schnellere und auch genauere Standortbestimmung (Eigenpeilung nach umlaufenden Leitstrahlen) gestattet. Die z. B. in England eingeführte Höhenstaffelung [4] kann auch nur als eine Teillösung des Problems angesehen werden. Der Nachrichtenverkehr zwischen Luftfahrzeug und Boden wird dann praktisch von der Durchführung von Peilungen weitgehend entlastet, so daß vom Luftfahrzeug wesentlich mehr Standortbestimmungen durchgeführt und diese der Flughafenkontrollstelle für eine verfeinerte Kontrolle der Bewegungsvorgänge übermittelt werden können.

bb) Eigenpeilungen. Die Betrachtungen über das Peilwesen wären unvollständig, wenn nicht

---

[1] Eine Bezirksleitstelle der Reichsflugsicherung hat bereits drei gleichzeitig betriebene Peilarbeitsplätze, die folgendermaßen eingeteilt sind:
Welle 333 kHz: Funk- und Peilverkehr im Flugsicherungsbezirk mit allen anfliegenden Luftfahrzeugen,
Welle 327 kHz: Funk- und Peilverkehr im Flugsicherungsbezirk mit allen abfliegenden Luftfahrzeugen,
Welle 322 kHz: Funk- und Peilverkehr im Nahverkehrsbezirk mit allen Luftfahrzeugen, die landen wollen einschl. des Schlechtwetterlandedienstes.
[2] Petzel: Amerikanische Flugsicherungstechnik. ETZ Nr. 59 S. 137 u. 168, 1938.
[3] Kramer, Ges.-Vort.-Lilienth.-Ges. (1937), 362, Verlag E. S. Mittler & Sohn, Berlin 1938.
[4] Notice to Airmen 8/38. NfL, 38/17, S. 366.

Umfang und Bedeutung der mit den heutigen Bordgeräten durchgeführten Eigenpeilungen, wenn auch nur kurz, untersucht würden. Unter Eigenpeilungen sind zur Zeit Peilungen zu verstehen, die das Luftfahrzeug mittels eines Bordpeilgerätes (Rahmen) nach festen Bodensendern, besonders Navigationsfunkfeuern nimmt. Um den immer mehr anwachsenden Peil- und Nachrichtenverkehr zwischen den Bodenpeilstellen und Luftfahrzeugen zu entlasten, der zu Zeiten größerer Verkehrsdichte heute an die Grenze seiner Leistungsfähigkeit gelangt, hat man in den letzten Jahren die Luftfahrzeuge in steigendem Umfang mit Eigenpeilgeräten ausgerüstet (Abb. 55). Entsprechend ist ein Netz von Navigationsfunkfeuern für Flugsicherungszwecke in Europa entstanden, von denen allein neun in Deutschland stehen[1].

Der Wert dieser Tatsache kommt aber nicht dem Gebiet des reinen Peilwesens zugute. Der

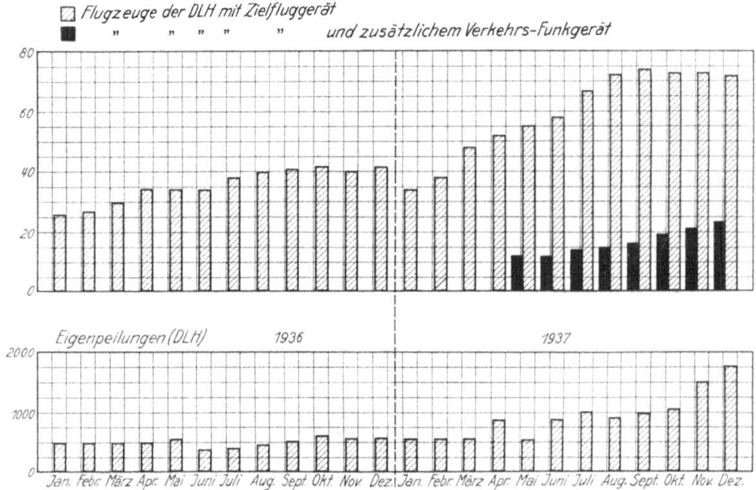

Abb. 55. Flugzeuge mit Zielfluggerät und Verkehrsfunkgerät sowie Eigenpeilungen der Deutschen Lufthansa in den Jahren 1936 und 1937.

Nutzen eines Bordpeilgerätes im Luftfahrzeug bleibt, vornehmlich im kontinentalen Verkehr, stets auf ein gewisses Maß beschränkt, und zwar aus folgenden Gründen:

1. Eine Peilung auf dem Luftfahrzeug ist im allgemeinen ungenauer als eine Fremdpeilung, da das Bezugssystem nicht festliegt, sondern erst aus der Kompaßanzeige ermittelt werden muß.

2. Das Bordpeilgerät kann nur ein zusätzliches Funkgerät im Luftfahrzeug sein (vgl. Abb. 55). Während der Zeit der Bedienung dieses Gerätes wird der Funker dem Nachrichtenverkehr bzw. seiner Wachbereitschaft auf Kosten der Sicherheit in einem gewissen Umfang entzogen.

3. Die Ausschaltung der durch Dämmerungs- und Nachteffekt entstehenden Fehler ist bisher nicht möglich geworden.

Ein verstärkter Einsatz bzw. eine gesteigerte Ausnutzung der Eigenpeilgeräte wird also die im vorigen Abschnitt aufgezeigten Erfordernisse für eine verbesserte Standortbestimmung nicht im gewünschten Umfang verwirklichen.

Wohl aber liegt ein wesentlicher Wert der Eigenpeilgeräte in ihrer Verwendung als Navigationsmittel für den Zielflug, wobei das Gerät in besonderer Schaltung mit Sichtanzeige — im Sinne eines „funkelektrischen Kompasses" — arbeitet. Dieses Anwendungsgebiet ist aussichtsreich, da das Zielfluggerät, einmal eingeschaltet und eingestellt, nicht mehr den Funker belastet. Das Anzeigeinstrument ist am Führersitz. Ferner braucht der in Frage kommende Aktionsradius im allgemeinen

[1] FBO Abschn. III Art. 33 §§ 1—3 und Anh. III b.

nicht so groß gewählt werden, daß Fehler auf Grund des Dämmerungs- und Nachteffekts in Erscheinung treten. Das Eigenpeilgerät spielt daher als Navigationshilfsmittel z. B. beim Anflug eines Zielflugfunkfeuers der Schlechtwetterlandebahn, eine wertvolle Rolle, wie bereits in einem früheren Abschnitt ausgeführt wurde, und stellt an dieser Stelle ein ergänzendes Hilfsmittel der Flugsicherungstechnik für die Blindflugnavigation dar.

3. Schlußfolgerungen.

Durch die flugsicherungstechnischen Einrichtungen der Schlechtwetterlandebahn wird die Leistungsfähigkeit eines Flughafens bei Schlechtwetterlagen wesentlich gesteigert. Es können künftig bis zu 20 Luftfahrzeuge in der Stunde auf einem Hafen landen, was insbesondere durch die Einrichtung der Zielflug- und Markierungsfunkfeuer ermöglicht wird. Diese Zahl von Flugzeugen entspricht einer Flugdichte im Streckenflug, die an die Kontrolle der Bewegungsvorgänge, die für die Sicherheit des Streckenfluges unentbehrlich ist, erhebliche Anforderungen stellt. Die Leistungsfähigkeit der Kontrolle der Bewegungsvorgänge hängt von einer schnell durchführbaren und genauen Bestimmung des Standorts der blindfliegenden Flugzeuge ab, was mit den Mitteln des Peilwesens bei in Zukunft ständig steigendem Luftverkehr nicht in ausreichendem Maße verwirklicht werden kann. Soll also die Sicherheit des Luftverkehrs beim Blindflug auf der Strecke der gesteigerten Leistungsfähigkeit der Blindlandetechnik entsprechen, so müssen die navigatorischen Hilfsmittel für die Kontrolle der Bewegungsvorgänge durch Wahl verfeinerter Verfahren (z. B. Standortbestimmung nach Drehfunkfeuern) verbessert werden.

VI. Zusammenfassung und Schluß.

Die Untersuchung befaßt sich mit dem Stand der Flugsicherungstechnik des Schlechtwetterlandedienstes und ihrer Auswirkung auf die Leistungsfähigkeit des Flughafens als Hauptträger der Bodenorganisation.

Von den verschiedenen, die Gestaltung eines Flughafens und damit auch der Schlechtwetterlandebahn bestimmenden Faktoren werden die flugsicherungstechnischen Einflüsse bevorzugt untersucht und die Bedingungen abgeleitet, unter denen eine voll betriebsfähige Schlechtwetterlandebahn auf einem Flughafen eingerichtet werden kann. Man unterscheidet Einrichtungen für die Horizontal- und Vertikalnavigation beim Schlechtwetteranflug, die jede für sich bestimmte Anforderungen in topographischer Hinsicht (natürliche und künstliche Hindernisse) und physikalischer Hinsicht (Erdbodeneigenschaften) an den Flughafen und z. T. auch das Gelände im Flughafennahbereich stellen. Es wird gezeigt, wie durch die in Deutschland z. Zt. bestehenden gesetzlichen Vorschriften und Ausführungsbestimmungen die Bedürfnisse des Schlechtwetterlandedienstes sowohl z. Zt. wie auch künftig erfüllt werden.

Es ergibt sich ferner, daß in der Zukunft die flugsicherungstechnischen Hilfsmittel für die Vertikalnavigation sowohl boden- wie bordseitig noch verfeinert werden müssen, wenn die Landungen unabhängig von jeder Wetterlage durchgeführt werden und dabei die Sicherheit und Regelmäßigkeit des Luftverkehrs nicht mehr einschränken sollen. Auch müssen die Landeeigenschaften der Flugzeuge den navigatorischen Bedürfnissen der Schlechtwetter- bzw. Blindlandung sowohl im Interesse der Sicherheit des Luftfahrzeuges als auch zur Leistungssteigerung des Luftverkehrs angepaßt werden.

In einem besonderen Kapitel wird die Ausgestaltung der Kontroll- und Steuerzentrale eines Flughafens besprochen und gezeigt, wie durch geeignete betriebliche Zusammenfassung aller die Abwicklung und Steuerung des Flugbetriebes sichernden Anlagen die Leistungsfähigkeit eines Flughafens gesteigert werden kann. Hierbei lassen sich wichtige Gesichtspunkte für die innere Gestaltung des Flughafenbetriebsgebäudes ableiten.

Das letzte Kapitel der Untersuchung befaßt sich mit der Auswirkung der Schlechtwetterlandeeinrichtungen eines Flughafens auf die Abwicklung des Luftverkehrs. Es wird gezeigt, daß im Interesse der Sicherheit die allgemeine Freizügigkeit der Luftwege eingeschränkt werden muß, wobei sich aber für Wirtschaftlichkeit und Regelmäßigkeit Vorteile ergeben. Ferner hängt die Leistungsfähigkeit des Luftverkehrs bei Schlechtwetterlagen in erster Linie von der Leistungsfähigkeit der Schlechtwetterlandeanlage eines Flughafens ab. Damit die für die Sicherheit des Luftverkehrs im Streckenblindflug unbedingt erforderliche Kontrolle der Bewegungsvorgänge mit dem steigenden Umfang des Luftverkehrs Schritt halten kann, wird eine Ergänzung der flugsicherungstechnischen Hilfen des Peilwesens durch verfeinerte und schneller arbeitende Methoden zur Standortbestimmung der Luftfahrzeuge erforderlich.

Zum Schluß möchte ich Herrn Oberregierungsbaurat Dr.-Ing. F. W. Petzel, Berlin, Reichsluftfahrtministerium, für die Förderung der vorliegenden Untersuchungen und die gewährten Aussprachemöglichkeiten sowie dem Leiter des Verkehrswissenschaftlichen Instituts für Luftfahrt an der Technischen Hochschule Stuttgart, Herrn Prof. Dr.-Ing. C. Pirath, für die liebenswürdige Unterstützung herzlichst danken.

Literaturübersicht.

Bücher.

Faßbender: Hochfrequenztechnik in der Luftfahrt. Berlin 1932.
v. Handel und Krüger: Funknavigation in der Luftfahrt. Braunschweig 1938.
Kohlrausch: Lehrbuch der praktischen Physik. Leipzig-Berlin 1930.
v. Mises: Fluglehre. Berlin 1936.
Pirath: Die Grundlagen der Verkehrswirtschaft. Berlin 1934.
— Die Grundlagen der Flugsicherung. Forsch.-Erg. V. I. L. Heft 6. München-Berlin 1933.
— Flughäfen. Raumlage, Betrieb und Gestaltung. Forsch.-Erg. V. I. L. Heft 11. Berlin 1937.
Schleicher und Reymann: Recht der Luftfahrt. Berlin 1937.
Deutsche Lufthansa A.-G.: Die Blindflugschule.
— Jahresbericht 1936 und 1937.
Gesammelte Vorträge der Hauptversammlung 1937 der Lilienthal-Gesellschaft für Luftfahrtforschung. Berlin 1938.
Reichsluftfahrtministerium: Lehrbuch über Luftnavigation und Blindflug. 1. Aufl.
— Fernmeldebetriebsordnung für die Verkehrsflugsicherung (FBO). 5. Aufl. Berlin 1938.

Zeitschriften.

Aero Digest, New York 1938.
The Aeroplane, London.
Aviation, New York.
Draht und Äther, Berlin 1938—1939.
Elektrotechn. Zeitschrift (ETZ), Berlin 1937—1938.
Elektr. Nachrichten-Technik (ENT), Berlin 1932—1933.
Flight, London 1938.
Flughafen, Berlin 1939.
Hochfrequenztechnik und Elektroakustik, Leipzig 1932—1938.
De Ingenieur, 's. Gravenhage 1937.
Interavia, Genf.
Journal of the Aeronautical Sciences, Easton/Pa. 1936.
Journal Res. Bur. Stand., Washington 1930.
Kungl. väg-och vattenbyggnadsstryrelsen, Stockholm 1938.
Das Licht, Berlin 1935.
Luftfahrtforschung, Berlin 1935—1939.
Luftwissen, Berlin 1934—1938—1939.
Nachrichten für Luftfahrer (NfL), Berlin.
Naturwissenschaften, Berlin 1938.
Nippon Electr. Commun. Engng., Tokyo 1938.
Philips' techn. R. 1937—1939.
Onde éléctr., Paris 1938.
Proceedings of the Institute of Radio Engineers, New York 1938.
Reichsverwaltungsblatt, Berlin 1938.
La Science Aérienne, Paris 1934.

Lebenslauf.

Ich, Hans-Joachim Friedrich Z e t z m a n n, wurde am 22. August 1905 als Sohn des Kupfer-
stechers Karl Zetzmann und seiner Ehefrau Elisabeth, geb. Kock, in Friedenau bei Berlin geboren.
Ich besuchte vom 6. bis 18. Lebensjahr das humanistische Gymnasium meines Heimatortes und
verließ es mit dem Reifezeugnis. Anschließend bezog ich die Technische Hochschule Charlotten-
burg zum Studium der Fachrichtung Elektrotechnik und verließ sie nach bestandener Diplom-
Hauptprüfung in der Fakultät für Maschinenwirtschaft, Fachrichtung Elektrotechnik, im Dezember 1930.

Mangels geeigneter Beschäftigungs- bzw. Anstellungsmöglichkeiten wurde es mir durch die
Freundlichkeit von Herrn Prof. Dr. A. Wehnelt ermöglicht, eine Tätigkeit als Privatassistent im
Physikalischen Institut der Universität Berlin nahezu ein Semester lang auszuüben. Ich erhielt
alsdann eine Ingenieur-Praktikantenstelle im Forschungsinstitut der AEG., Berlin-Reinickendorf.
Ich beschäftigte mich dort mit der Entwicklung, Fabrikation und Anwendung von lichtelektrischen
Zellen. Im Herbst des Jahres 1931 wurde ich als wissenschaftlicher Hilfsarbeiter im Reichspost-
zentralamt angestellt. Ich war dortselbst mit hochfrequenztechnischen Entwicklungsaufgaben
(Senderlaboratorium) sowie betrieblichen und technischen Problemen der Rundfunksendertechnik
beschäftigt. Im Frühjahr des Jahres 1934 wurde ich als Referent für funktechnische Bauplanungen
in das Reichsamt für Flugsicherung übernommen und kam im Herbst des gleichen Jahres als Sach-
bearbeiter für die technische Betriebsführung und Bauplanung der Reichsflugsicherung in das
Reichsluftfahrtministerium, dem ich auch jetzt noch angehöre. Am 1. März 1937 wurde ich unter
Berufung in das Beamtenverhältnis zum Regierungsbaurat im Reichsdienst ernannt. Im Herbst
des Jahres 1938 erwarb ich den Flugzeugführerschein A 2 (Land).